E. GERFELDT · SOZIALHYGIENE

SOZIALHYGIENE

THEORIE · PRAXIS · METHODIK

von

EWALD GERFELDT

Dr. med., Prof. der Sozialhygiene an der Medizinischen Akademie Düsseldorf
Präsident der Akademie für Staatsmedizin Düsseldorf

Mit einem Geleitwort von
Geheimrat Prof. Dr. Kisskalt

WALTER DE GRUYTER & CO.
Vormals G. J. Göschen'sche Verlagshandlung, J. Guttentag, Verlagsbuchhandlung
Georg Reimer, Karl J. Trübner, Veit & Comp.

BERLIN 1955

Mit 6 Abbildungen

Archiv-Nr. 517355

GELEITWORT

Jede Wissenschaft entwickelt sich aus Beobachtungen von Objekten oder Vorgängen oder aus den Bemühungen der Menschen, ein Übel abzustellen. Seit Jahrtausenden suchte man die Leiden der Minderbemittelten zu vermindern durch Verbesserung ihrer sozialen Lage oder Verhütung ihrer Krankheiten. Auch das letztere wurde in ein System gebracht, und so entstand das, was wir seit Jahrzehnten unter Sozialhygiene verstehen, wozu neuerdings die besonderen Krankheiten der Manager kamen. Die Forschung über die Zustände und Erfolge geschah, wie auch in diesem Buch dargestellt ist, durch eine Erweiterung der vorhandenen Methoden: Sammeln und statistische Darstellung, Demoskopie, öfters auch durch Experimente. Aber wie so oft: je mehr man arbeitete und durch Forschung Fortschritte machte — der Gesichtskreis erweiterte sich nach allen Richtungen, so daß es auch hier hieß: Du gleichst dem Geist, den du begreifst, nicht mir! Denn der Sozialhygiene fehlte die Gedankengrundlage, der umfassende Blick für das physische wie das psychische des Individuums und der Masse — die Adlerschau.

Niemand ist mehr berufen, diese zu geben, als der Verfasser dieses Buches. Er war imstande, die Grundlagen, auch die historischen, darzustellen. Er kannte die Methoden der verschiedensten Art; ihm lag es, die sozialen Zustände in jedem Alter, Beruf und jeder Periode zu schildern, die Biodynamik: Nahrungssuche, Gefahrenschutz, Gesellung, und vor allem führten ihn seine Gedankengänge in höhere Regionen: zur philosophischen Betrachtung, zur Kenntnis der Werte. Wer das Buch liest, sieht, an wie vieles über das Übliche hinaus man zu denken hat: der praktisch Tätige wird die Fülle nicht nur von medizinischen Erkenntnissen sehen, sondern auch von Sozialethik, von der Notwendigkeit der Sozialpädagogik und der Sozialphilosophie. Aber auch, wer kein Fachmann ist, wird viel für die geistige Verarbeitung seiner anderen wissenschaftlichen Erkenntnisse haben und merken, daß er Wissenschaften, ohne Kenntnisse der Einzelheiten zu verlieren, aus der Vogelschau betrachten kann.

So wünsche ich dem Werk, daß es in möglichst viele Hände kommt, nicht nur von Fachmännern, sondern auch von allen, die Interesse an sozialen Fragen haben, und von jedem, der politisch denkt.

München, im Januar 1955 *Geheimrat Prof. Dr. Kisskalt*

VORWORT

Zwischen Gesundheit und Krankheit, Erfolg und Versagen, Wohlbefinden und Leiden bewegt sich das Leben des einzelnen wie das der Gemeinschaft. Im Sein, Tun und Verhalten bleibt der Mensch das Maß aller Dinge, und in der Wechselbeziehung zwischen Individuum und Umwelt erstrebt jeder die für ihn günstigste Position. Der Sozialhygiene als einer exakten Wissenschaft der Gegenwart fällt dabei die Aufgabe zu, den Ursachen von sozialphysiologischen und sozialpathologischen Gesellschaftserscheinungen nachzugehen, um zu Gesetzmäßigkeiten, Prognosen und prophylaktischen oder therapeutischen Maßnahmen zu gelangen.

Für die Anwendung in der Praxis braucht sie eine Grundlagenforschung mit ausgewogener Methodik und vergleichenden Wertmaßstäben. Diese sollen im folgenden gegeben werden.

Die Fundamentallehren, die ich meinen Hörern vortrage, habe ich auch in meinem im gleichen Verlage erschienenen „Grundriß der Sozialhygiene“ dargestellt. Ihre Vertiefung möchte ich dem großen Kreis derer vermitteln, die an der Gestaltung des sozialen Lebens mitzuwirken haben. Die subjektive Deutung von Beobachtungsreihen und die objektive Auswertung von Untersuchungsergebnissen stehen mitunter im Gegensatz zueinander. Eine Kritik der Methodik im Gruppenexperiment und in der Analyse von Erscheinungen im Leben der Gemeinschaft durch Biometrie und Bewährungsprobe vermag Widersprüche aufzuklären. Die Maßstäbe für die Sozialphysiologie und die Sozialpathologie bieten Soziometrie und Sozionomie.

Das erstrebte Ziel ist die Festigung unserer Biodynamik in Ernährung, Wohnung, Arbeit, Familie und Gemeinschaftsbildung, die Vermeidung von Kulturstörungen und Zivilisationskrankheiten sowie die selbständige Leistung und soziale Sicherheit.

Dem Verlage bin ich aufrichtig dankbar, daß er die Fortführung des Werkes möglich gemacht hat.

Düsseldorf, den 22. Januar 1955 *Ewald Gerfeldt*

INHALT

Seite

Geleitwort V
Vorwort VI
Einleitung 1
I. Pragmatismus und Sozialprogramme 2
1. Soziale Gesetze und Forderungen 2
2. Sozialprogramme und ihre wissenschaftliche Fundierung 3
II. Begriff und Aufgaben: Hygiene, Sozialhygiene und Soziologie 5
1. Individualhygiene und Gesellschaftshygiene 5
2. Soziale Tropik und Gemeinschaftshilfe 8
3. Sozialanthropologie und Soziologie 10
4. Sozialphysiologie und Sozialpathologie 13
5. Begriffsdefinition 14
III. Untersuchungs- und Beobachtungsreihen, Objektivation der Vorgänge . . . 15
1. Reihenuntersuchungen und Reihenbeobachtungen 15
2. Begrenzung des Untersuchungsbereichs 18
3. Methodik 19
4. Werte und Wertverwendung 20
IV. Erforschung der öffentlichen Meinung, Demoskopie und Subjektivismus der Einstellung 21
1. Wissenschaftliche Meinungsforschung 21
2. Erhebungsmethodik 22
3. Mitarbeit der Probanden 25
V. Das große Experiment des Lebens 27
1. Lebensäußerungen und Aktualsituationen 27
2. Ergebnisanalyse und Verifikation 29
3. Kulturkrankheiten 30
4. Übervölkerung und Nahrungsmangel 31
5. Arbeit und Beruf 35
6. Lebenserwartung und Aufbrauchserscheinungen 36
7. Biometrie und Bewährungsprobe 38
VI. Das Gruppen-Experiment 40
1. Lebenshaltung und Lebenswahrscheinlichkeit 40
2. Methodik der Gruppenversuche 41
3. Biodynamische Prinzipien 45
a) Ernährung 45
b) Wohnung und Bodenständigkeit 48
c) Arbeit, Arbeitsplatz und Arbeitskontakt 53
d) Gesellung und Gemeinschaftsbildung 57
4. Modellversuche 59

VII. Sozialbiologie 59
1. Sozionomie und Soziometrie 59
2. Gesellschaftsstruktur und Zivilisationsprozeß 61
3. Determinismus und Indeterminismus 64
4. Selbständigkeit und soziale Sicherheit 65
5. Soziale Umschichtungen 66
6. Kultur- und Zivilisationskrankheiten 67
VIII. Sozialphysiologie und Sozialpathologie 68
1. Der Sozialprozeß 68
2. Biodynamik und Triebe 69
3. Leistungstypen 73
4. Ideorealgesetz und Carpenter-Effekt 75
5. Pathognomonik 76
Literatur 78
Sachregister 88

Einleitung

Bei uns hat die Sozialhygiene immer noch einen schweren Stand. Dies ist um so überraschender, als in allen Bereichen des täglichen Lebens praktisch mit sozialhygienischen und sozialpathologischen *Begriffen* und *Maßnahmen* gearbeitet wird. Sie sind bei der Sicherung der Ernährung für die Bevölkerung nach Quantität und Qualität anzutreffen, bilden den Maßstab für die Erstellung von Wohnraum, werden bei der Gestaltung des Arbeitsprozesses in psychosomatischer Hinsicht von Landwirtschaft, Gewerbe, Industrie, Handwerk und Verkehr benutzt, dienen als Richtlinien für die strukturelle und dynamische Formung gesellschaftlicher Prozesse, sollen bei der Kontrolle gesundheitlicher Erscheinungen im Volkskörper helfen und werden dabei bewußt oder unbewußt von Ärzten, Versicherungsträgern und Politikern regelmäßig angewandt. Bis in die jüngste Gegenwart hat es nicht an sorgsamen Versuchen gefehlt, diese Diskrepanz zu überwinden und die verloren gegangenen Verbindungen wieder zu knüpfen. Immer wieder wurden die berufenen Vertreter ihres Faches veranlaßt oder darum angegangen, die Aufgaben zu erläutern, das Gebiet abzustecken, die Grenzen zu verwandten Disziplinen aufzuzeigen, die Ziele zu markieren und die Arbeitsweise abzusichern. Einbrüchen in fremde Bereiche sollte vorgebeugt werden, ohne jedoch unentbehrliche Kontakte aufzugeben. Im Bestreben, verständlich zu sein, wurde die Begriffsbezeichnung revidiert und manchen Einwendungen eine Konzession eingeräumt, die nicht immer förderlich war und geeignet schien, von der bewährten Grundlinie abzulenken.

Dabei wurde mitunter vergessen, daß sich an eingespielte Namen bereits scharf umrissene Vorstellungen geknüpft hatten. Wenn man sie aufgab, mußte zwangsläufig eine Verwirrung oder Unsicherheit eintreten. Aus den ersten Versuchen zum Aufbau einer systematischen „sozialen Hygiene“ hatte sich längst die „Sozialhygiene“ konsolidiert, während sich der Name einer „Sozialmedizin“ für ein Teilgebiet eingebürgert hatte, nämlich für die Beziehungen zur sozialen Versicherung und damit für die Beseitigung von Krankheiten oder Störungen durch soziale Maßnahmen. Als Moment der sozialen Therapie bietet sie Verknüpfungen zur sozialen Prophylaxe, d. h. zur Verhütung von Erkrankung, Unfall und vorzeitiger Leistungsbeeinträchtigung (1, 2). Die Betrachtung der Krankheiten des Menschen von sozialen Bedingungen (neben ihren klinischen, anatomischen, histologischen, mikrobiologischen und individuell-ätiologischen Substraten) obliegt der Sozialpathologie (2, 3, 4), die sich nicht nur der Psychopathologie, sondern in neuer Betonung auch der Psychosomatik bedient (5).

Alle gutgemeinten und darum auch löblichen Bestrebungen, weitere Klärungen zu versuchen und Zugänge zu einer ungewohnten Denk- und Forschungsform zu schaffen, erreichten jedoch als unbeabsichtigte und paradoxe Reaktion den Einwand, die Sozialhygiene sei doch eben ein neues, erst in der Entwicklung begriffenes Gebiet und müsse sich erst eine *Methodik* und *Nomenklatur* schaffen. Es schien auch nicht allzu schwer, eine „Schule“ gegen die andere auszuspielen, obwohl die bisher erzielten Ergebnisse längst „zu einem echten, unentbehrlichen Angelpunkt der Sozialfunktionen“ geworden sind (6).

I. Pragmatismus und Sozialprogramme

Als praktische Maxime und als „Gesundheitspflege in der Gesellschaft“ ist die Sozialhygiene so alt wie unsere Kenntnis der sozialen Strukturen überhaupt. Ihre Grundgedanken waren als regula regni bei großer *Siedlungsdichte* bereits im Altertum üblich und galten als Rembours einer erreichten Kulturhöhe. Insonderheit waren führend die fortschrittlichen Völker in den fruchtbaren, eng bewohnten Flußtälern und Niederungen des fernen und nahen Orients, Ägyptens, Palästinas und der Mittelmeerländer vorausgegangen (7), so daß ihnen Aristoteles ein besonderes Lob über ihre geistigen und künstlerischen Fähigkeiten erteilen konnte (8).

Im Vergleich zur Individualhygiene stand die kollektive Sicherung, also das Wohlbefinden der Gesellschaft, im Orient weitaus im Vordergrund. Einer Lösung der sozialen Probleme konnten sich darum auch die drei großen, hier entstandenen Weltreligionen nicht versagen und bezogen diese Aufgaben in ihre Heilslehre ein.

1. Soziale Gesetze und Forderungen

Nach dem *mosaischen Eigentumsrecht* galt der Gemeinbesitz an Gut und Land, die als theokratische Lehen aufgefaßt wurden. Die Unverlierbarkeit des Eigentums hielt aber mit der Entwicklung des bürgerlichen Lebens nicht gleichen Schritt. Der Einzelne konnte daher wohl Besitz und Freiheit verlieren, büßte jedoch nicht seinen Anspruch ein. Nach je 50 Jahren, d. h. nach einem periodischen Ablauf von 7 mal 7 oder 49 Jahren, stellte das „Jobeljahr“, das Jahr der Posaune und darum von LUTHER Halljahr genannt, die unverletzliche Grundordnung wieder her (9, 10). In diesem Freiheitsjahr „soll ein jeglicher bei euch wieder zu seiner Habe und zu seinem Geschlecht kommen“ 11), d. h. von seiner Schuldsumme und Schuldknechtschaft befreit wieder vollberechtigter Bürger werden.

Der *Islam* verpflichtet seine Gläubigen zu Gebet, Fasten, Almosen und Wallfahrt nach Mekka. Von ihrer Wertigkeit sagt MOHAMMED: Das Gebet führt auf halbem Wege dem Herrn entgegen, das Fasten führt bis an die Tür seines Hauses und die Almosen stoßen die Himmelspforte auf (12). Aus diesen „Liebessteuern“ werden milde Stiftungen (Wakuf) geschaffen, zu denen Bäder, Brücken, Brunnen, Mausoleen, Begräbnisplätze, Bibliotheken, Schulen, Spitäler, Volksküchen, Armen- und Altersheime sowie Irrenanstalten gehören (9). Als Lohn werden verheißen „Edens Gärten, durcheilt von Bächen, ewig und immerdar darinnen zu verweilen“ (Koran 98. Sure, Vers 4 und 7) (13).

Auch das *Christentum* verlangt die tätige Nächstenliebe, den Altruismus, aus dem Bewußtsein der kollektiven, brüderlichen Zusammengehörigkeit. Die leiblichen Werke der Barmherzigkeit, von denen Speisung, Bekleidung, Obdach, Krankenbesuch und Bestattung der Toten hervorgehoben seien, sollen durch die geistigen Werke der Barmherzigkeit ergänzt werden, nämlich durch die psychische Hilfe von rechtem Rat und Trost. Sie sind das Kriterium des rechten Jüngers (9, 14).

Im Prinzip gehen alle diese Forderungen auf drei grundlegende, ethische *Lebensfragen* zurück, nämlich auf Unterordnung, Besitz und geschlechtliches

Verhalten. Dem Einzelnen wird für seine Rechtschaffenheit im Leben das Wohlergehen und im Jenseits die Seligkeit verheißen. Aber dieser Subjektivismus wird sofort zum Kollektivismus erweitert, wenn verlangt wird, das Gute nicht bloß um des zu erwartenden Lohnes zu tun, sondern um der gemeinsamen Brüderlichkeit willen (13, 14). Dadurch wird unverkennbar der egozentrische Individualismus zum bewußten Altruismus einer sozialen Heilsordnung sublimiert.

Die *Neuzeit* hat diesen Standpunkt vielfach mit guten Gründen umgekehrt und das *Persönlichkeitsgefühl* aus dem Leben in der Gemeinschaft abgeleitet. NIETZSCHE spricht von der „gestaltenden Kraft", die „immer neuen ‚Stoff' (noch mehr ‚Kraft') vorrätig haben will".

Von diesem Gedanken ausgehend erklärt er die Grundprinzipien von Unterordnung, Besitz und Sexualität: „Was ist ‚passiv'? — Gehemmt sein in der vorwärts-greifenden Bewegung: also ein Handeln des Widerstandes und der Reaktion. Was ist ‚aktiv'? — nach Macht ausgreifend.

‚Ernährung' — ist nur abgeleitet; das Ursprüngliche ist: Alles in sich einschließen wollen.

‚Zeugung' — nur abgeleitet; ursprünglich: wo Ein Wille nicht ausreicht, das gesamte Angeeignete zu organisieren, tritt ein Gegenwille in Kraft, der die Loslösung vornimmt, ein neues Organisationszentrum, nach einem Kampfe mit dem ursprünglichen Willen.

‚Lust' — als Machtgefühl (die Unlust voraussetzend)" (15).

2. Sozialprogramme und ihre wissenschaftliche Fundierung

Die *wissenschaftliche Begründung* geht auf AUGUSTE COMTE zurück, der sich die Lebensaufgabe setzte, die Soziologie in das positive, wissenschaftliche Stadium zu überführen. Er verlangt von den Wissenschaften, sie sollten „savoir pour prévoir, prévoir pour prévenir". Das Maß ihrer Zuverlässigkeit wird von ihrem Stand bestimmt, aus dem zu entnehmen ist, ob ihre Ergebnisse mit den Tatsachen übereinstimmen. Sie traten nicht alle gleichzeitig auf, sondern machten und machen eine Entwicklung durch, so daß sie nacheinander in das Stadium der positiven Erkenntnis eintraten (16). Seine Klassifikation wurde in der Sicht eines rhythmischen Wechsels von Evolution und Dissolution von HERBERT SPENCER fortgeführt (17). Die gestaffelte Reihe ist so aufgebaut, daß jede Disziplin der vorangehenden zur Begründung bedarf, aber von der nachfolgenden unabhängig ist. In aufsteigender Skala ergeben sich danach: Mathematik, Physik, Chemie, Biologie, Psychologie und Soziologie. Sie werden für den durchschnittlichen Menschen immer komplizierter, aber auch für die Gestaltung seines Lebens bedeutungsvoller (2). Er möchte gern wissen, wie er sich verhalten soll, um sich vor Schaden zu bewahren und seine angestrebten Erfolge zu sichern. In diesem Sinne sagt DEWEY vom *Behaviorismus* als der besonderen Form des sozialen Handelns: „All action is an invasion of the future, of the unknown" (18).

Die dabei notwendige *soziale Hilfe* wollen Staat und politische Verbände leisten. Ihre in der Gegenwart aufgestellten Sozialpläne befassen sich mit allen Aufgaben, die wir auch in der jüngsten und alten Vergangenheit antreffen. Sie sind in handliche Formeln geprägt und lassen eine aktuelle, systematische Übersicht zu:

I. Soziale Struktur und Kultur
1. Gemeinschaft auf landsmannschaftlicher Eigenständigkeit
2. Unitarismus und Föderalismus, anstatt Zentralismus und Föderalismus
3. Achtung der Menschenwürde
4. Schärfung des sozialen Verantwortungsbewußtseins
5. Toleranz natürlicher Grundrechte
6. Freizügigkeit
7. Glaubens- und Gewissensfreiheit
8. Sicherung von Erziehung und Bildung
9. Freiheit von Kunst, Forschung und Lehre

II. Besitz und Arbeit
1. Sicherung des Lebensstandards
2. Steigerung des Sozialprodukts
3. Erhaltung des Privateigentums bei sozialer Marktwirtschaft
4. Vollbeschäftigung
5. Förderung der Berufsausbildung
6. Ausgeglichenheit von Lohn- und Preisgefüge
7. Gerechte Steuern ohne Steuerdruck
8. Lastenausgleich
9. Mitbestimmung des Arbeitnehmers
10. Soziale Betreuung und soziale Sicherheit
11. Gesundheitssicherung, Gesundheitsfürsorge und Gesundheitsvorsorge
12. Sozialversicherung

III. Familie und Gesellschaft
1. Förderung des Wohnungsbaus
2. Schaffung von Heimstätten und Eigenheimen
3. Qualitative und quantitative Bevölkerungspolitik.

Ähnliche Sozialprogramme lassen sich bei allen Völkern und in allen Staaten der Gegenwart, in der UNO und der Weltgesundheitsorganisation finden. Sie entspringen den Anforderungen der Zeit, den Erwartungen der Bevölkerung und wirtschaftlichen Rückschlägen, ermangeln aber vielfach oder sogar meist der wissenschaftlichen und pragmatischen Grundlagen. Daher laufen sie Gefahr, als Propaganda gewertet zu werden. Mit grimmigem Humor sagte daher ein zeitgenössischer politischer Spötter: „Es ist ein großer Irrtum zu glauben, daß Menschheitsprobleme ‚gelöst' werden. Sie werden von einer gelangweilten Menschheit liegen gelassen" (19).

Wenn die Befunde der medizinischen Sozialwissenschaft in ihren verschiedenen Zweigen objektiv richtig, ihre Ergebnisse mit denen anderer Gebiete und Zeiten vergleichbar, ihre Konklusionen für eine zuverlässige Prognose und nicht nur für eine Prophezeiung verwertbar sein sollen, so daß eine klare soziale Therapie einsetzen kann, um die erwartete Sicherung gegen Krankheit und Not zu treffen, dann sind exakte wissenschaftliche Grundlagen mit gesicherter Begründung und zuverlässiger, planvoller Methodik unerläßlich. Es genügt keinesfalls, nur in großen Umrissen eine Vorstellung von den Ereignisreihen, ihrer Tendenz und einer erstrebenswerten Zielsetzung zu haben. Die daraus gefolgerte Abwehr kommt über Probierbewegungen nicht hinaus und nötigt in kurzer Folge zu unsystematischen, unrationalen Ergänzungen oder Abwandlungen. Auch die hochtrabenden *Sozialprinzipien* der Eleutheria, Autonomia und Autarkia halfen den alten *Griechen* nach ihren erschöpfenden Fehden nicht viel. Elend und Unzufriedenheit im Volke verlangten handfeste

Hilfe, und PERIKLES beschaffte Arbeit durch großartige öffentliche Bauaufträge, verteilte Landlose an Bauern und Bürger in den Kolonien, führte eine bescheidene, aber doch neuartige Alters- und Invalidenrente ein und beschwichtigte die Unruhegeister durch ein Theatergeld. Diese symptomatische Behandlung einer Krise reichte trotz ihrer Großzügigkeit, die ihr den Namen einer athenischen Blütezeit eintrug, doch nur fünfzehn Jahre (von 444 bis 429 v. Chr.). Im Vergleich dazu war das *römische Sozialprogramm* nur kurz: panem et circenses! Aber es umfaßte die gesamte Resonanzbreite menschlicher Schwäche und Suggestibilität, war daher variabel und modulationsfähig. Trotzdem war die Handhabung bei aller Virtuosität nicht immer kausal begründet. In der Gegenwart zog ROBERT SCHUMAN aus den Mißerfolgen der französischen Sozialpolitik in Nordafrika die bedeutungsvolle Lehre: „Unser schlimmster Feind ist hier wie anderswo, die Routine, die nur der Vergangenheit vertraut und die Augen vor den Forderungen der Zukunft verschließt" (20).

Die *wissenschaftliche Fundierung* der Sozialhygiene muß auf die einfachsten Lebenserscheinungen zurückgehen, auf die allen Organismen immanenten physiologischen Vorgänge des Stoffwechsels, des Energiewechsels und des Formwechsels; gleichzeitig hat sie sich auch der begleitenden psychologischen Dynamismen anzunehmen, die im Lustgefühl, im Unlustgefühl und im Erlebnis einer Leistungsdifferenz gegen den Nachbarn ihren Ausdruck finden.

Ehe die Arbeitsweise, ihre Methodik und Begründung sowie die Grundlagen, ihre biologische Tragfähigkeit, Erforschung und Erweiterung besprochen werden können, ist es notwendig, den Begriff unseres wissenschaftlichen Gebiets, seine Abgrenzung gegen verwandte Disziplinen und seine Aufgaben zu umreißen.

II. Begriff und Aufgaben: Hygiene, Sozialhygiene und Soziologie

1. Individualhygiene und Gesellschaftshygiene

Die *Hygiene* ist nach der Definition unseres Altmeisters FLÜGGE „der Teil der medizinischen Wissenschaft, welcher sich mit der gewohnheitsmäßigen Umgebung des Menschen beschäftigt und diejenigen Momente in derselben zu entdecken und zu beseitigen sucht, welche Störungen im Organismus zu veranlassen und seiner Entwicklung zu höchster Leistungsfähigkeit entgegenzuwirken imstande sind" (21). Sie ist die Kunst des Gesundbleibens und Wohlbefindens, hat daher die Aufgabe, Schädlichkeiten festzustellen, Schädigungen zu verhüten, die Leistungsfähigkeit zu erhalten und zu steigern sowie die Volkskraft zu mehren. Im Vergleich zu den klinischen Disziplinen wird sie durch ihren Zweck, durch ihr Ziel gekennzeichnet, während die anderen Spezialfächer durch die besondere Art der Ratsuchenden, den Organsitz von Leiden oder die Technik der Heilweise unterschieden werden (22).

In der Gesundheitspflege umfaßt die *individuelle Hygiene* den Bereich, dessen Forderungen der einzelne Mensch erfüllen soll und kann, um das Optimum der physikalisch-biologischen Erfordernisse in seinem Lebensraum zu erreichen. Die *Sozialhygiene* jedoch greift über diesen hinaus und nimmt sich aller vorhandenen Zustände in ihrer Wirklichkeit und unendlichen Vielgestaltigkeit an, prüft die von menschlichen Gruppen und Gesellschaften in ihren verschiedenartigen Wohnräumen überhaupt ertragenen und erträglichen Maxima und Minima des biologischen und sozialen Milieus, analysiert den sich darbietenden Lebensstandard und die Leistungsfähigkeit, stellt den Status praesens dar und präzisiert die soziale Diagnose. Sie leitet daraus aber keinen fiktiven Zukunftszustand ab, will und kann also keine Luxus- oder Komfortthygiene sein.

Als Fach exakter Wissenschaftlichkeit wird sie nicht durch ein subjektives Sentiment beschwert, sondern will die kausalen Wechselwirkungen der inter- und überindividuellen Beziehungen ergründen, verwenden und verändern. In dieser Auffassung erweitert sich die Sozialhygiene zu einer *Gesellschaftshygiene*, indem sie wohl nach Grundsätzen der Individualhygiene verfährt, aber die physiologischen Bedingungen von Nahrung, Arbeit und Wohnung ausdehnt zu den soziologischen Wirkungskreisen von Anteil, Leistung und Gemeinschaft, so daß der Anspruch an die Güter und Vorteile der Gesamtheit gesichert, wie auch die Leistung in der Gesellschaft gewahrt bleibt. Indem die letzten Auswirkungen über die kulturbiologische und kulturpsychologische Einstellung entscheiden, erwächst daraus die Verpflichtung zur Kulturhygiene, die ihren Vorläufer im Streben nach der römischen salus publica oder salus populi, dem Staatswohl, hatte.

In ihrer Berührung oder Überschneidung mit anderen Fachgebieten der Medizin bricht die Sozialhygiene jedoch nicht in deren Aufgaben ein; denn sie beschäftigt sich nicht mit den spezifisch individuellen Belangen, sondern erforscht und verwertet die kollektiven Verknüpfungen mit Gruppen und Gesellschaftskreisen. Sie hat dem ätiologisch-kausalen Nexus von sozialpathologischen, sozialhygienischen und soziologischen Erscheinungen nachzugehen, um zu Gesetzmäßigkeiten und Prognosen zu gelangen. Sie steckt sich als Ziel, das Leistungsprodukt zu erhöhen und statt einer maximalen Überlastung die günstigsten Bedingungen für ein Optimum an Schaffensfreude zu bieten (2, 7).

Das Bestreben, in die Beziehungen von Individuen zu Gruppen und Gesellschaften Klarheit zu bringen und die Begriffe sauber abzugrenzen, hat in der *Nomenklatur* einige Verwirrung angerichtet. Verschiedentlich war man bestrebt, die Bezeichnung „Sozialhygiene“ durch „Sozialmedizin“ zu ersetzen, sah sich aber veranlaßt, den bisher gebräuchlichen Namen zum besseren Verständnis in Klammern beizufügen. Nach der Wiener Schule ist die Sozialmedizin „die Zusammenfassung aller medizinischen Bestrebungen und Erkenntnisse, die auf Überwachung und Verbesserung der Volksgesundheit sowie auf Vorbeugung im weitesten Sinne gerichtet sind“. Dabei obliegt ihr „auch die Planung und rationelle Gestaltung präventiver, therapeutischer und fürsorgerischer Einrichtungen im öffentlichen Gesundheitsdienst“. Sie wird etwa als „Public Health“ im Sinne von H. Leawell aufgefaßt, d. h. als optimale Zusammenfassung aller Elemente zur Besserung der Volksgesundheit. Die Sozialhygiene wird jedoch nur als ein Teil der Sozialmedizin aufgefaßt, nämlich als derjenige, der sich „vorwiegend mit dem Studium der Wirkung, mit der Kontrolle und mit der Verbesserung physischer Umweltfaktoren befaßt“ (23 bis 30).

Im einzelnen werden von der Wiener Schule genannt und behandelt: Vital- und Medizinalstatistik, Ärzte- und Apothekenwesen, Säuglings- und

Kinderfürsorge, schulärztlicher Dienst, Bekämpfung und Verhütung übertragbarer Krankheiten, Tuberkulosefürsorge, Wohnhygiene, Lebensmittelhygiene, Alterswohlfahrt und gewisse Zweige der Armenpflege. Doch wird zugegeben, daß „die Entwicklung noch lange nicht abgeschlossen" ist (23).

Praktisch wird dabei die Aufgabe der public health der öffentlichen Gesundheitspflege und damit der Sozialhygiene unterstellt. Dies ist auch gerechtfertigt, weil die Hygiene nach Begriff und Aufgabe sowie der etymologischen Wortbedeutung einen größeren Bereich umfaßt als die Medizin. Hygiene kommt von τὰ ὑγιεινά = die Gesundheit oder die Gesundheitspflege als Plural in der Ableitung von ὑγιεινός = gesund, kräftig, der Gesundheit zuträglich, wohl und munter, in übertragenem Sinne aber auch vernünftig, verständig, also seelisch gesund sowie vom Verbum ὑγιαίνω = kräftig oder gesund sein, sich wohlfühlen, gesund werden oder genesen, aber auch vernünftig, verständig, bei gutem Verstande sein. Dagegen wird das Wiederherstellen der verlorenen Gesundheit, die Heilkunst, als ἰατρεία oder ἴασις bezeichnet. In gleicher Weise geht das Wort „Medizin" auf die Vorstellung zurück, einen Verlust wieder gutmachen zu müssen; denn ihm liegen die Verben medicor und medeor = ich heile oder helfe und das Substantiv medicina = Arznei und Heilkunde zugrunde. Es wird also eine Einbuße an Behagen, ein Krankheitszustand vorausgesetzt. Dieser ist jedoch ein engerer Begriff als die Gesundheit, wie auch die Gesundheitspflege weiter reicht als das Heilen. Für das Wohlbefinden von Volk und Gemeinschaft wird das Wort salus gebraucht, das in der römischen Kaiserzeit mit der griechischen Hygiene gleichgesetzt wurde.

Trotz des wechselnden Gebrauchs der Bezeichnungen Sozialhygiene und Sozialmedizin werden jedoch überall die gleichen Begriffe und Aufgaben übereinstimmend unterlegt. Das *Ziel* ist eine Zusammenfassung aller Faktoren zur Verbesserung der Volksgesundheit, um einen optimalen Lebensstandard, das größtmögliche Wohlbefinden einer größtmöglichen Zahl von Menschen und eine Erhaltung oder Steigerung der Leistungsfähigkeit ohne vorzeitige Einbuße zu erreichen (31).

Von der öffentlichen Hygiene erwartet Aristoteles im Ausgriff über die individuelle Gesundheitspflege die „Ermöglichung der besten Lebensführung" in einer „Gemeinschaft gleichberechtigter Bürger" und eine „sittliche Lebensgemeinschaft in Familie und Geschlechtern zur Verwirklichung eines in sich geschlossenen und selbständigen Daseins" (32). Solche Verbesserungen dürfen sich nicht mit einem mäßigen Zustande begnügen; denn wenn man „alle Geschichtsquellen durchforschte, man fände nichts anderes als die große Wahrheit, daß es zu allen Zeiten und in allen Ländern miserabel gewesen ist. Die Menschen haben sich stets geängstigt und geplagt, sie haben sich untereinander gequält und gemartert, sie haben sich und anderen das bißchen Leben sauer gemacht und die Schönheit der Welt und die Süßigkeit des Daseins, welche die schöne Welt ihnen darbietet, weder zu achten, noch zu genießen vermocht" (33). Um so mehr haben wir die soziale und sozialethische Pflicht, Schädigungen aus der Umgebung abzufangen, ausgleichend zu wirken und zu einer öffentlichen Gesundung beizutragen, wie es die Gesundheitsvorsorge erstrebt. „Unser Leben führt uns nicht zur Absonderung und Trennung von anderen Völkern, vielmehr zu dem größten Verkehr; unsere bürgerliche Existenz ist nicht die der Alten" (34). Der Weg dazu geht über die

Vervollkommnung der Menschen und eine Verbesserung ihrer Zustände, in denen Egoismus und Neid nicht mehr als „böse Dämonen ihr Spiel treiben" und ein ernster, aber friedfertiger Wettbewerb einsetzt. „Das Vernünftigste ist immer, daß jeder sein Metier treibe, wozu er geboren ist und was er gelernt hat, und daß er den anderen nicht hindere, das Seinige zu tun" (35). So erwächst in folgerichtiger Entwicklung aus der Sozialhygiene eine Gesellschafts- und Kulturhygiene, die imstande sein soll, unsere wissenschaftliche Erkenntnis und unsere ärztlich-sozialhygienische Kunst so zu fördern, daß wir die Gesundheit und Leistungsfähigkeit jedes Einzelnen gegen vermeidbare Schädigungen aus der Umgebung absichern und die soziale Gesellschaft so entwickeln, daß jedes Individuum darin einen angemessenen Lebensstandard findet, seine Gesundheit behält und seine Leistungsfähigkeit erproben kann (7, 31).

2. Soziale Tropik und Gemeinschaftshilfe

Ein solcher Ausgleich durch die Sozialhygiene ist dort unentbehrlich, wo sich viele denkende und Ansprüche erhebende Menschen auf engem Raume zusammendrängen müssen, während sie dort entbehrlich ist, wo weite Jagd- und Weidegründe die gegenseitige Berührung auf ein Minimum beschränken. Hier genügt der Jäger- und Hirtenkodex, dort aber wird das nachbarliche Verhalten durch Verordnungen und Gesetze geregelt. Damit wird die „*natürliche Umwelt*" der unveränderten Natur zur „*sozialen Umwelt*" gestaltet. In ihr wird die praktische Anwendung der Sozialhygiene trotz übereinstimmender Grundzüge verschieden sein nach Wohngebiet, Klima und Bevölkerungsstruktur, sie wird einem regionären und zeitlichen Wandel unterworfen sein. Dies wußte und sah auch Goethe: „Die Zeit ist in ewigem Fortschreiten begriffen, und die menschlichen Dinge haben alle fünfzig Jahre eine andere Gestalt, so daß eine Einrichtung, die im Jahre 1800 eine Vollkommenheit war, schon im Jahre 1850 vielleicht ein Gebrechen ist" (36). Aber überall verfolgt man das gleiche Ziel, nur jeweils auf eigene Art, weil Lebensweise und gesellschaftliche Verfassung verschieden sind (32). Die überkommenen Grundlagen und der organisch gewachsene Aufgabenkreis (37) lassen es angezeigt sein, den entwickelten Begriff nicht immer wieder in wechselnde Formen zu zwängen, sondern zum Nutzen von Sache und Verständnis die geläufig gewordene Nomenklatur zu bewahren. Nicht das Etikett verbürgt den Wert, sondern der Gehalt.

Dieser wird aber nicht allein durch zweckmäßige Einrichtungen und zwangsläufig wirkende Vorkehrungen gesichert, sondern vor allem durch eine soziale Haltung, ein social behaviour, eine *soziale Tropik* der Individuen und Gesellschaftsgruppen, von der man sich nicht durch eine „Spende" loskaufen kann, nur um Ruhe zu haben; denn die soziale Tropik kann sich ebenso wirksam im Gewähren eines Anspruchs, wie im Erfordern einer Gegenleistung äußern. In dieser Beziehung berührt sich die Sozialhygiene mit der von Auguste Comte begründeten Soziologie, kann sich aber mit ihren Vorschlägen sogar überschneiden. Dies bedeutet jedoch kein Eindrängen in ihre Aufgaben; denn der biologische und soziale Lebensprozeß setzt sich nicht aus einzelnen Mosaikvorgängen zusammen, sondern bildet eine geschlossene Einheit, so daß Veränderungen auf einem Gebiete zu Umstimmungen in anderen Bereichen führen. Beide Disziplinen haben sich gegenseitig zu ergänzen. Sie tun es auch und haben dabei voneinander Gewinn.

Die von Auguste Comte begründete *Soziologie* nahm ihren Ursprung von der Aufklärung und wurzelte im Naturrecht. Sie erforschte die gesellschaftbildenden Kräfte und Gesetze, war kausal eingestellt und darum naturalistisch orientiert. In ihrem Grundgedanken vertritt sie die Auffassung, die Gesellschaft sei ein Erzeugnis der Individuen. Die dabei wirkenden Energien werden mechanisch-physikalisch-klimatisch vorgestellt und erklären ihre Kennzeichnung als „soziale Physik" (16). In der weiteren Entwicklung wurden mathematische, psychologische, rassenbiologische und ethnische Motive, aber auch vergesellschaftende und historisierende Tendenzen einbezogen. Nach der idealistisch-geisteswissenschaftlichen Richtung jedoch, die einer derart kausalen Genese nicht bedarf, ist die Gesellschaft kein Aggregat aus verbundenen Einzelwesen, sondern bereits primär ein geschlossenes Ganzes, in dem nicht die Selbständigkeit des Individuums, sondern seine Gliedhaftigkeit überwiegt (38—46). Je nach dem Standpunkt des Betrachters und seinem Blickwinkel zeigt sich die soziologische Struktur von verschiedener Seite und mit wechselnden Teilinhalten. Dabei wird bald das eine, bald das andere Merkmal stärker betont, ohne daß grundsätzliche Verschiedenheiten aufzutreten brauchen. Zwanglos faßt die genetische und vor allem phylogenetische Darstellung, die den Entwicklungsprozeß stärker als den statischen Zustand betont, alle Mannigfaltigkeit der Auffassungen zusammen (47). Damit wird die Soziologie zu der „Wissenschaft, die die Unbeständigkeit sozialer Phänomene, einschließlich der bestehenden Wertungen, als Funktionen eines sich wandelnden Prozesses untersucht" (48). Diese Unterlagen fallen in reicher Fülle bei der Sozialhygiene an und werden von ihr an die Soziologie geliefert. Dafür empfängt sie von dieser die kausale und genetische Begründung, um eine ätiologisch gefestigte Diagnose, Therapie, Prophylaxe, Prognose, Vorsorge und Fürsorge aufbauen zu können. Das letzte Ziel ist nicht eine Erhaltung der Gesundheit, sondern ihre Steigerung in einer „Epidemiology of Health" (49), d. h. einer Ausbreitung der Gesundheit im ganzen Volk.

Während des genetisch, zeitlich ablaufenden Prozesses im sozialen Vorgang verändert sich die Distanz zwischen den Menschen und ihren Gruppen. Der interindividuelle Abstand kann sich verringern, so daß sich die Menschen psychisch näher kommen, oder er kann sich vergrößern und dann zur Entfremdung oder Feindschaft werden. Der Grad und die Richtung dieser Abstandsveränderung bestimmt die „soziale Haltung" bzw. das „soziale Verhalten" der Menschen.

Dabei muß besonders die menschliche Übereinstimmung über Raum und Zeit hervorgehoben werden, die häufig aus verschiedenen Gründen nicht berücksichtigt wird und Mißverständnisse auslöst. Trotz aller Unterschiede in Lebenshaltung, Weltanschauung, Sitten und Bräuchen sind die in den sozialen Gemeinschaften zusammengeschlossenen Gruppen in erster Hinsicht Menschen. In ihnen überwiegt das Übereinstimmende, das Gemeinsame, während das Unterscheidende einen wechselnden, aber kleineren Anteil beträgt. Daher ist es eben auch möglich, über alle Gruppendifferenzen hinweg gemeinsame Maßstäbe und Regeln zu gewinnen.

Wie bei der *Freiheit des Willens* sind die Bezüge auf das spezifische und das generelle (oder gentilizistische) abzustellen: in der sozialen Gesellschaft ist der

Wille frei und kann sich für oder gegen eine Anforderung entscheiden, im biologischen Weltgeschehen ist er jedoch kausal determiniert. An diesem Postulat findet die Willensfreiheit für die mechanischen, physikalischen, physiologischen und psychologischen Vorgänge ihre Grenze nach Ursache und Wirkung, Reiz und Effekt. In der sozialen Ordnung jedoch wird das Urteil gestützt durch die Werte und Regeln der Gemeinschaft, die eine freie, indeterminierte Entscheidung zulassen. Als vereinzeltes Geschöpf würde der Mensch nach anderen Maximen leben als im Verbande der Gemeinschaft. Diese trägt ihr eigenes Gesetz in sich. Daher „gehorcht der Mensch als Familienmitglied anderen Normen, als der abstrakte Einzelmensch" (38).

Im Raume der eigenen Gemeinschaft wird das soziale Verhalten an den spezifischen Maßstäben gewertet, aber im Vergleich zu anderen, fremden Sozialgebilden gewinnt es einen abweichenden Ausdruckswert. Das Alter zu ehren und seinen Willen zu achten, ist ein bei allen Völkern geltendes Gebot. Aber es äußert sich nicht überall gleichartig: hier wird die Erhaltung und Pflege bis zum natürlichen Tode verlangt, dort muß der Wunsch des Gebrechlichen wie ein Testament erfüllt werden, wenn er seinen Sohn auffordert, ihn zu töten. Die sog.: Bittarbeit ist bei Naturvölkern eine *Gemeinschaftshilfe*, die bei der Hochzeit, beim Hausbau, bei der Ernte, bei der Entbindung oder bei Unglücksfällen gewährt wird. Im zivilisierten Staat wird sie gewöhnlich durch eine Geld- und Sachhilfe, also durch *Spenden* abgelöst. So ist es bei vielen anderen sozialen Pflichten, Geboten und Gebräuchen. Sie gehen auf ein gemeinsames ethisches Motiv zurück, unterscheiden sich aber ethnographisch in der Vollzugsform. Dieses Fluidum durchdringt die Individuen und formt sie zu Gruppengliedern, ohne daß sie sich der „Kette von Ursachen und Wirkungen, welche in der Richtung der Zeit fortschreitet", bewußt werden (50).

3. Sozialanthropologie und Soziologie

Führt man dieses soziale Verhalten in den Bereich des rechtlichen Handelns fort, dann gelangt man zum Begriff des nationalen und internationalen Rechts, zum Staatsrecht und zum *Völkerrecht*. In ihm läutern sich die Auffassungen über Verbrechen gegen die Menschlichkeit. Die Grundbegriffe dieses ethischen und rechtlichen Verhaltens oder Handelns sind im Prinzip auf der ganzen Erde gleich, „soweit sie von zivilisierten Menschen bewohnt ist, die nicht ihren Ehrgeiz darin sehen, den nächsten zu ermorden, zu berauben oder in die Sklaverei abzuführen" (51). Die Jagd auf Tiere tritt in der Geschichte der Menschheit erst verhältnismäßig spät auf, während der Totschlag eines Artgenossen immer eine Kainstat bleibt, auch wenn sie später mit den Gründen von Zauber, Magie und Glauben beschönigt wird. Auch die kultischen Menschenopfer dienen dem Leben nach dem Tode und einer Entsühnung, damit einer Erhaltung der Sippe (52). In konsequenter Weiterführung dieses Gedankens gelangt man zu der Feststellung von CATHREIN in seiner Philosophia moralis: „Praeter officia iuridica inter gentes etiam existunt officia caritatis" (51). Faßt man das Völkerrecht nur als „äußeres Staatsrecht" auf, das die rechtlichen Beziehungen der Staaten untereinander und des eigenen Staates zu fremden Staaten regelt, dann werden Staatsbürger und Individuen nur durch das ihnen zugehörige Landesrecht verpflichtet. Erkennt man jedoch im Völkerrecht ein Menschheits- oder Weltbürgerrecht an, dann gilt es auch für die Individuen aller Staaten und erhält den Charakter eines Völker-Strafrechts, muß dann aber auch stärker sein, als das Staaten- oder Landesrecht (38, 51, 53). Diese Entwicklung bahnt sich in der Gegenwart trotz mancher verheißungsvoller Anfänge nur sehr langsam und zögernd an. Die Sozialhygiene und ihre Sozialordnung kann jedoch dabei lockernd und sogar bahnbrechend helfen.

In statistischer Betrachtung, als Querschnitt durch einen sozialen Prozeß, wirken solche Motive wie ein immanentes Gebot, ein reales Fluidum, das die einzelnen Mitglieder durchdringt und sie für die Gemeinschaft ethisch formt. Als *Gruppen* mit einer derartigen inneren Einheit bieten sich die großen, geschlossenen Lebensformen von Familie, Sippe, Männer- und Frauenbünden, Stamm und Volk dar. Trotz des überwertigen „Wir-Bewußtseins" geht in ihnen das „Ich-Bewußtsein" nicht völlig im Kollektiv auf, sondern beläßt zwischen Persönlichkeit und Gruppe bzw. Gemeinschaft noch eine Polarität, die bei einer Beeinträchtigung des Lebensgefühls zu Spannungen und sozialen Kämpfen führt (47). Es gibt wohl ein Gruppenbewußtsein, einen Gruppenwillen und auch Gruppenanschauungen (38—44), aber niemals können Anliegen eines einzelnen Menschen zu kollektiven Angelegenheiten seiner Gruppe werden. Dagegen können sie zu Programmpunkten der Gruppe werden, wenn bestimmte Lebensbedingungen nach Menge und Bedeutung allgemeine Geltung erhalten, wie dies im Sittenkodex, im Recht, in der Sprache, in der Religion, in den Künsten, in der Politik, in der Selbstbehauptung, bei der Selbstaufopferung, im Heldentod, bei der Aufopferungspflicht und der Sicherung gegen Schaden oder der Gewährung einer Entschädigung als Gemeinschaftshilfe eintritt.

Die Gruppe selbst greift somit nur helfend ein, wenn der Bestand ihrer Struktur gefährdet wird und sie vor Schaden bewahrt oder ihr eigenes Wohlergehen gefährdet werden soll. Eine klare Erkenntnis des Nutzens braucht jedoch durchaus nicht zu bestehen, vielmehr schaltet sich der *Gruppen- oder Kollektivegoismus* triebhaft ein. Daher werden Mitglieder mit verminderter Lebens- und Leistungskraft im Beginn übersehen oder vernachlässigt. Sobald sie zu einer Last oder wegen Vergehen gegen die Sozialordnung zur Gefahr werden, sucht man sie zu eliminieren und zwar entweder unschädlich zu machen oder zu beseitigen. Erst mit dem Auftreten einer rationalen Erkenntnis entwickelt sich eine Sozialpolitik, die heilen, vorbeugen und verhüten will.

Die Sozialpolitik der *Soziologie* betont das Wohl der eigenen Gemeinschaft, die *Sozialhygiene* wiederum hat die Aufgabe, den Kreis der Gruppe zu überwinden und auf allgemein-menschlicher Grundlage solche Maßnahmen zu treffen, die das größtmögliche Wohlergehen der größtmöglichen Zahl von Menschen anstreben, also individuell und kollektiv zugleich wirken sollen. Die beiderseitigen Bestrebungen berühren sich nicht nur an den Grenzbezirken von Individuum und Gruppe, sondern überlagern sich teilweise. Aber es bleibt immer noch ein Unterschied bestehen, indem sich die Gruppenhilfe auf die Angehörigen von Sippe oder Clan beschränkt, so daß sie dem spezifischen Gruppenbewußtsein entspricht, während die Sozialhygiene keine ethnographischen Grenzen kennt und somit den Gruppenegoismus durch einen Kollektivaltruismus zu überwinden sucht.

Die geistige und helfend wirkende Verbundenheit von nur zwei Menschen wird von keinem der beiden Partner bereits als Gemeinschaft erlebt; denn jeder von ihnen mißt seine Kräfte am anderen, empfindet den Gegensatz und die Ergänzung in individueller Verschiedenheit, erfährt aber nicht oder kaum die überpersönliche Zusammenfassung, den kollektiven Ausgleich. Erst ein hinzutretender dritter Mensch schafft das Erlebnis der *Wirksozietät*, indem er das Bedürfnis nach einer Ordnung der Beziehungen aufwirft, und zwar im Sinne einer Über- oder Unterordnung. Erst dann wird eine Gemeinschaft in der Erscheinung des Kräfteparallelogramms erlebt (54, 55).

Diese Gemeinschaft ist zuvörderst die *Gruppe*. Sie ist ein seelisches Erfassen von Leistungsunterschieden innerhalb ihres Zusammenschlusses. Aber sie wirkt auch auf Menschen, die außerhalb stehen und imponiert ihnen durch ihre Geschlossenheit als Vereinbarung, als geordnetes soziales Gebilde nach Vertrag, Satzung oder Statut, also als *Gesellschaft*. Diese ist somit die Fassade der sozialen Gruppe, während sie sich von innen für ihre Mitglieder als *Gemeinschaft* nach Übereinstimmung darbietet (44). Aus der Vogelschau präsentiert sich das Kollektiv als Summe gleichberechtigter und gleichverpflichteter Glieder, als „Vergesellschaftung", während es intern in seiner ergänzungsbedürftigen, gliedhaften Individualität erscheint. Darin ist die Relativität der Beziehung je nach dem Standpunkt des Betrachters begründet.

Als Sozialordnung zielt sie auf eine Gestaltung des Zusammenlebens von Menschen und ihr Wohlergehen trotz Not und Gefahr ab. Insofern gehört sie zum Aufgabenbereich der Soziologie. Erstrebt sie eine Verschmelzung des Individualismus und Kollektivismus zum Solidarismus, dann wird sie ein Teil der Sozialpolitik.

In der *Sozialanthropologie* untersucht die Sozialwissenschaft die Wechselbeziehungen zwischen den menschlichen Rassen, Varietäten und Typen sowie ihren Einfluß auf die sozialen Gebilde. Die seelischen Komponenten werden in der *Sozialpsychologie* zusammengefaßt und bestehen in den sozialen Antrieben nach ihrer physiologischen und pathologischen Wirkung, im sozialen Verhalten der Gruppen und Individuen, in der Entstehung sozialer Formen und ihrer Äußerung in Mode, Sitten, Gewohnheiten, Gruß, Freude- und Trauerbezeugungen u. ä. sowie in der Rückwirkung der von den Menschen geschaffenen Ordnungen auf die Individuen und Gruppen. Dabei unterscheidet HELLPACH: a) Wirkungswege nach Übertragung, Ausdruck, Mitteilung und Handlung, b) wirkende Kräfte, c) gewirkte Gebilde und d) Rückwirkungen der Gemeinschaft auf den Einzelnen, die er als Sozialindividuation bezeichnet.

Mit den Normen für das sittlich gute Handeln in der sozialen Gruppe und für sie befaßt sich die *Sozialethik*. Sie setzt eine soziale Gesinnung voraus, damit die Sozialordnung erreicht und die soziale Gerechtigkeit erfüllt werden kann. Wo sie einer Entwicklung bedarf, setzt die *Sozialpädagogik* ein. Sie bemüht sich um eine Erziehung von Individuen und Gruppen zu sozialem Verhalten und zu sozialer Haltung, insbesondere zu bewußter Mitverantwortung im Rahmen der für die Sozialordnung geltenden Rechtsnormen. Deren letzte Begründung untersucht die *Sozialphilosophie*, indem sie den Wurzeln für das gesellschaftliche Leben nachgeht und sich dabei auf die Ergebnisse der anderen Sozialwissenschaften, insbesondere der Sozialanthropologie stützt.

Die begründete Sozialordnung und das Gemeinwohl sichern will die *Sozialpolitik*, indem sie praktische Grundsätze aufstellt und staatliche Maßnahmen vorbereitet, um Gegensätze zwischen den sozialen Kreisen der Bevölkerung zu mildern oder mit Hilfe von Sozialreformen auszugleichen. Auf religiöser Basis bemüht sich darum die *Sozialtheologie* (56), die das Reich Gottes auf der Erde errichten will. In calvinistischer Version wird dazu das Evangelium kollektivistisch und aktivistisch ausgelegt.

Bei allen diesen Bemühungen treten viele Berührungen und Begegnungen mit der *Völkerpsychologie* auf. Die Ergebnisse der europäischen Sozialpsychologie sind (nach K. S. SODHI, Berlin) noch nicht erheblich; sie müssen daher ihr Forschungsgebiet einengen, aber auch vertiefen. „Welche Beziehungen zwischen der soziologisch gesehenen Gesellschaft bestehen, ist eine Frage, die wir heute noch nicht beantworten können“ (45). Die anglo-amerikanische Forschungsrichtung greift sehr weit aus und ist verzweigt, kann aber von uns im Übereifer weder abgelehnt, noch unverändert übernommen werden. Sie arbeitet (nach H. THOMAE, Bonn) im Team mit Soziologen, Juristen, Völkerkundlern und Naturwissenschaftlern, lehnt aber Grenzübertritte in Nachbargebiete als unfruchtbar ab. Ihr weites Gebiet ist vorzüglich die Ergründung der Attitudes, der menschlichen Verhaltensweisen, in dem die „soziale Ursituation der Familie“ mit besonderer Betonung des Einflusses auf das spätere Verhalten des Kindes im Erwachsenenalter erforscht wird (46).

4. Sozialphysiologie und Sozialpathologie

Aus diesen Forschungs- und Arbeitszweigen läßt sich sinngemäß eine Abgrenzung der Sozialhygiene gegen die Soziologie treffen. Das Handeln der Sozialhygiene nimmt seinen Ausgang von den Befunden der *Sozialphysiologie* und *Sozialpathologie*. Diese Zweige beschäftigen sich mit der biologischen und unbiologischen Wirkung der menschlichen Antriebe sowie ihrer kausalen und konditionellen Bindung. Das Moment eines dringlichen Eingreifens wird durch sozialpathologische Erscheinungen bestimmt, weil sie eine Alarmstufe anzeigen. Der Effekt biodynamischer Störungen erscheint in der Regel schon nach kurzer Zeit und ist objektiv am Absinken der biologischen Leistung, der Lebenshaltung und der Volkswirtschaft abzulesen.

Die *sozialpathologischen Erscheinungsformen* drücken sich somit genetisch und dynamisch aus. Sie umfassen eine Reihe von Äußerungen, die sich prägnant charakterisieren lassen. Von ihnen sind hervorzuheben:

- die Abhängigkeit der Volksgesundheit von der Volkswirtschaft und ihrem Niedergang,
- die Bevölkerungsbewegung nach Sterblichkeit, Heiratsfrequenz, Fruchtbarkeit und Abtreibungen,
- die Säuglingssterblichkeit, Stillfähigkeit und Stillfreudigkeit, die Zunahme der Frühgeburten,
- die Ehekrisen und Ehescheidungen,
- der Lebensstandard, die Ernährungssicherung, die Lebensdauer, der Index der Lebenshaltungskosten, verschuldete und unverschuldete Armut, der Sparwillen,
- Berufsschwierigkeiten, Berufsüberfüllung, zunehmende Krankmeldungen, Fehlschichten, Arbeitsversäumnis, Streiks, sinkende Leistung des einzelnen Arbeiters, Scheinberufe, Schwarzhandel und Schwarzarbeit, Prostitution, Spekulantentum, Rentenjäger und soziale Nutznießer von Beruf, Berufs- und Verkehrsunfälle,
- zunehmende Kriminalität, insbesondere bei Jugendlichen,
- Abnahme der Lebenszuversicht, Lebensangst und Selbstmorde,
- soziale Zersplitterung, Grüppchen- und Cliquenbildung, Hilflosigkeit, Mangel an Altruismus, Flüchtlinge und Verdrängte,

zunehmendes Auftreten von psychosomatischen Störungen, körperlichen Gebrechen (Blindheit, Ertaubung, Taubstummheit, Verkrüppelung), endokrinen und Stoffwechselstörungen (insbesondere Diabetes), antizipierende Manifestation in immer früheren Lebensaltern bei den folgenden Generationen,
Zunahme von vegetativen Primitiväußerungen, Suchten und geistigen Abwegigkeiten (Psychopathien und Psychosen),
Zunahme von Intellektualismus, Reizhunger und Sensationslust, Obstruktionsbereitschaft, Suggestibilität und Hörigkeit,
Zunahme der Sexualität, der Schmutz- und Schundliteratur, Verlust der sexualpsychologischen Charaktermerkmale (Maskulinismus und Feminismus),
Zunahme der Lebenslüge, Flucht in Massenspiele, Prunk- und Genußsucht (57).

Heute hat sich die Ausgangsbasis für *sozialhygienische Planungen* unter der Auswirkung von zwei Erfolgen, nämlich einer Zurückdrängung aller Infektionskrankheiten und einer Verlängerung des Lebens um 45 bis 50%, erheblich verändert. Für die Gegenwart und nächste Zukunft beanspruchen unsere Aufmerksamkeit in verstärktem Maße:

1. Tumoren, insbesondere Krebskrankheiten,
2. Kreislaufstörungen, vor allem Herzkrankheiten,
3. rheumatische Leiden,
4. Neurosen, Psychopathien und geistige Abwegigkeiten bis zu den ausgesprochenen Psychosen,
5. die Folgen der überstandenen Ernährungsstörungen und die Wachstumsakzeleration der Kinder,
6. die Berufskrankheiten aller Art, nicht nur in gewerblichen Betrieben,
7. die Unfälle im Heim, auf der Straße und im Betriebe,
8. die allergischen Krankheiten,
9. die endokrinen Störungen und
10. die Zahnkaries.

Eine auf breiter Grundlage aufgebaute Gesellschafts- und Kulturhygiene muß imstande sein, unsere wissenschaftliche Erkenntnis und unsere ärztlich-sozialhygienische Kunst so zu fördern, daß wir die Gesundheit und Leistungsfähigkeit jedes Einzelnen gegen vermeidbare Schädigungen aus der Umgebung absichern und die soziale Gesellschaft so entwickeln, daß jedes Individuum darin einen angemessenen Lebensstandard findet, seine Gesundheit bewahrt und seine Leistungsfähigkeit erproben kann (7).

5. Begriffsdefinition

Bei der *Definition* des Begriffes „Sozialhygiene" gehe ich von den Vorbedingungen aus. Die Sozialhygiene beschäftigt sich mit:

a) den in einer kulturellen oder zivilisierten Gemeinschaft lebenden Menschen, in der jeder auf den anderen angewiesen ist, auf ihn Rücksicht nehmen muß und von seiner Umwelt und Umgebung abhängt, d. h. mit unselbständigen Menschen;
b) der Erforschung der wissenschaftlichen Grundlagen von diesen gegenseitigen Beziehungen und ihren Wirkungen in biogenetischer, ontologischer, phylogenetischer, genetischer, konstitutioneller, psychischer, psychosomatischer, ökologischer, produktiver und ökonomischer Hinsicht;
c) der Analyse der begünstigenden und hemmenden oder schädigenden Faktoren in der belebten Umwelt und der unbelebten Umgebung des Menschen einschließlich der von ihm selbst geschaffenen kulturellen und zivilisatorischen Einrichtungen;

d) praktischen Vorschlägen zur Verhütung von Schädigungen und zur Begünstigung von förderlichen Faktoren, um den Nachwuchs an gesunden Menschen zu sichern, das Leben zu verlängern, Erkrankungen und vorzeitige Aufbrauchserscheinungen zu verhindern, die Leistungsfähigkeit zu erhalten, zu vermehren und zu festigen, das Lebensgefühl und die Schaffensfreude zu erhöhen, das Leistungsoptimum zu gewährleisten und einen angemessenen Lebensstandard zu erreichen;
e) der Einrichtung, dem Ausbau und der sachgemäßen Funktion solcher Maßnahmen, die zur Erzielung des Erfolges notwendig sind.

Daraus ergibt sich als Definition: Die Sozialhygiene ist die Wissenschaft, die den unselbständigen, vom Milieu abhängigen Menschen vor Schädigungen durch seine belebte Umwelt und unbelebte Umgebung zu schützen sucht, indem sie die Einflüsse erforscht, praktische Vorschläge ausarbeitet, um hemmende Faktoren zu beseitigen und fördernde zu begünstigen, und die für dieses Ziel dienlichen und notwendigen Maßnahmen oder Einrichtungen trifft.

III. Untersuchungs- und Beobachtungsreihen, Objektivation der Vorgänge

Wenn man der Sozialhygiene nach dem heutigen Entwicklungsstande die Kategorie einer selbständigen medizinischen Wissenschaft zubilligt und dazu eigene Grundlagen, eigene Methoden und eine sozialmedizinische Organisationslehre zählt (58), dann ist es auch notwendig, sie zu kennen und wissenschaftlich anzuwenden. Man darf sich aber nicht dazu verleiten lassen, grobe Vorstellungen und verschwommene Begriffe einzuschmuggeln oder nur aus der Sicht allgemeiner Erfahrungen weitreichende Schlußfolgerungen abzuleiten. Eine systematische, exakte *Analyse* und *Synthese* ist die unentbehrliche Voraussetzung für eine objektive Befundung und Beurteilung. Beide leiten sich aus dem Aufgabenkreis der Sozialhygiene her. Sie beschäftigt sich vorwiegend mit einer Vielzahl von Menschen und ist darum eine Wissenschaft von den kollektiven Gruppen, Gesellschaften und Gemeinschaften. Ihr Bestreben zielt auf eine *Objektivation* der wechselnden Vorgänge und fließenden Entwicklungen, indem sie aus tatsächlich gewonnenen Ergebnissen von Beobachtungs- und Untersuchungsreihen gesicherte Daten, Fakten und Faktoren gewinnt. Solche Konstanten sind dann unabhängig von der persönlichen Auffassung und lassen Vergleiche mit internationalen Befunden zu. Dagegen gibt eine Erforschung der Volksmeinung die individuelle Einstellung wieder und ist eine Erscheinung des Subjektivismus, selbst wenn Gruppeneinflüsse wirksam werden.

1. Reihenuntersuchungen und Reihenbeobachtungen

Das *Beobachtungsgut* sammelt sich zeitlich aus Ereignissen, räumlich aus Zuständen und sachlich aus Erscheinungsformen. Es bedarf einer lebensnahen, biologischen Ableitung und Wiedergabe, aber auch einer ätiologischen und kausal-kritischen Sichtung. Dabei sind zu bewerten: der Zustand in der Gegenwart mit seinen vielfältigen soziologischen Verknüpfungen, der Entwicklungsverlauf der Erscheinungen oder Ereignisse, die Erfahrungen in der Vergangenheit und die Einstellung einer Prognose für die nahe oder weitere Zukunft. Insbesondere müssen Parallelitäten auf ihre Bedingtheit geprüft und Konvergenzerscheinungen ausgeschaltet werden.

Wenn unter 1000 Schmieden in einem bestimmten Zeitabschnitt weniger Erkrankungen beobachtet werden als unter 1000 gleichaltrigen Schuhmachern, dann darf nicht gefolgert werden, das Handwerk des Schuhmachers sei gesundheitsschädlicher als das des Schmiedes. Vielmehr muß nach den Erfahrungen von Berufswahl und Berufsberatung berücksichtigt werden, daß sich dem Schmiedehandwerk vorwiegend sthenische, widerstandsfähige Menschen zuwenden, während leptosome, schwächere Personen den ihnen angemesseneren Beruf des Schuhmachers wählen.

Werden die komplexen Verbindungen übersehen und versäumt man eine biologisch-soziologische Analyse, dann entstehen schwerwiegende Irrtümer. Nicht immer lassen sie sich so leicht aufdecken, wie bei der Beziehung zwischen Diphtherie-Todesfällen und Dosierung des Heilserums.

Zwischen der Sterblichkeit an Diphtherie und dem Verbrauch an Diphtherie-Heilserum besteht eine weitgehende Parallelität; denn es zeigt sich, daß die Letalität mit der Höhe der angewandten Antitoxin-Einheiten zunimmt. Die größeren Dosen des Serums sind jedoch nicht die Ursache der größeren Sterblichkeit, vielmehr verlangt die Schwere der Erkrankungen mit ungünstiger Prognose eine höhere Dosierung des Heilmittels (2).

Die Durchführung der *Reihenuntersuchungen und -beobachtungen* bedarf einer sorgfältigen sachlichen und methodischen Vorbereitung sowie einer inneren und äußeren Abgrenzung der *Merkmale*. Dies ist leichter, wenn eine bestimmte Frage beantwortet werden soll, weil dabei die Prämissen wenigstens in großen Umrissen gegeben sind. Bei der Erforschung von Grundlagen wird zunächst Wert auf die Gewinnung von einfachsten Teilergebnissen und Begriffen zu legen sein, ehe im stufenweisen Aufbau die genetischen und kausalen Zusammenhänge angegangen werden. Die entscheidenden Merkmale werden klar und scharf zu umreißen sein. Wenn Körpergröße und Wachstumsgeschwindigkeit innerhalb eines umschriebenen Bevölkerungskreises untersucht werden sollen, wird man nicht wahllos alle Menschen zusammenfassen, sondern Differenzierungen nach Lebensalter, Geschlecht, sozialer Herkunft, Ernährungs- und Lebensweise, körperlicher und geistiger Beanspruchung vornehmen müssen.

Die Merkmale der Untersuchungseinheiten können sehr weitläufig oder sogar subtil gegliedert werden. Nicht immer bedeutet dies jedoch eine größere Genauigkeit, vielmehr besteht die Gefahr einer Verzettelung und Unübersichtlichkeit. Notwendig ist jedoch eine Vollständigkeit von *wertbestimmenden Faktoren*, die sich aus der Analyse der Objekte ergibt.

Für alle Reihenuntersuchungen gelten die Forderungen 1. einer möglichst lückenlosen Quantität und 2. einer zuverlässigen Gleichartigkeit. Je größer die Zahl der Untersuchungen ist und je genauer sie ein verkleinertes Spiegelbild der Gesamtheit bieten, desto exakter läßt sich eine Verallgemeinerung rechtfertigen. Ein bewährtes Hilfsmittel für die Ausweitung sind regionäre und periodische Erhebungen in umschriebenen Bezirken durch verschiedene Experten nach übereinstimmenden Regeln, wobei subjektive Einstellungen ausgeschaltet werden müssen. Die Zusammenfassungen liefern dann abgerundete Ergebnisse, in denen kleine Unebenheiten durch zentrale Nachprüfungen ausgeglichen werden können. Bei dieser „*großen Zahl*" dürfen jedoch die häufigsten oder mittleren Werte nicht etwa stärker betont werden, worauf es vielfach bei statistischen Erhebungen entscheidend ankommt, vielmehr sind die extremsten Befunde nach der Seite des Maximums wie auch des Minimums unentbehrlich und meist besonders bedeutungsvoll. Wenn die Wirkung des Tabakrauchens auf die Funktion der Organe und die Begünstigung von Krankheiten untersucht werden soll oder die Wirkung von Arbeitszeit und Schlaf auf die optimale Leistungsfähigkeit zu prüfen ist, dann liegen gerade in den Extremen die entscheidenden Maßstäbe für ein sachliches Urteil.

Einen Wert wird dieses aber nur dann besitzen, wenn *Gleichartiges* zusammengefaßt und miteinander verglichen wird. Es wäre nicht richtig, bei Untersuchungen über die Geschlechtskrankheiten alle ihre Formen als Einheit zu betrachten und von ihrer Unterscheidung nach Art und pathognomonischer Bedeutung abzusehen. Eine solche formale Gleichartigkeit ergibt sich zunächst aus der Definition des Begriffes. Komplexere Einheiten, wie Wohnung und Wohndichte brauchen jedoch außerdem noch eine Abstimmung nach innerer, materieller Gleichartigkeit, wie Raumgröße, Hauseinheit, offener oder geschlossener Bauweise, Familiengröße und Kopfzahl der Einwohner.

Die Merkmale der Untersuchungseinheiten sind jedoch nicht konstant oder starr, sondern können in einer Hinsicht gleichartig, in anderer aber ungleichartig sein. Ein umschriebener Kreis von Jugendlichen kann sich bezüglich der Berufswahl gleichartig verhalten, jedoch in bezug auf die Kriminalität durchaus ungleichartig erweisen. Gilt dies schon für das eigene Land, dann sind die Unterschiede bei anderen Völkern noch wesentlicher, namentlich wenn Untersuchungen miteinander verglichen werden sollen, die von verschiedenen Untersuchern stammen, deren Erhebungsprinzipien nicht genau bekannt sind.

Eine derartige *Beweglichkeit der Merkmale* kann örtlich, zeitlich oder sachlich bedingt sein. Wenn die damit erzielten Ergebnisse miteinander verglichen werden sollen, dann müssen sie auch untereinander gleichwertig sein und sich auf gleiche Umfänge, Einheiten und Kennzeichen beziehen.

Die *örtliche Begrenzung* wird durch die Fläche des Untersuchungs- oder Erhebungsbereichs abgesteckt, also den Ort, die Stadt, den Kreis, das Land, den Staat, den Kontinent oder die ganze Erde. Dabei wirken auch geographische, klimatische, geschichtliche und kulturelle Momente mit, die bei der größeren oder geringeren Vergleichbarkeit zu veranschlagen sind, will man nicht Gefahr laufen, die vergleichbare Gleichwertigkeit zu gefährden. Dies ist um so mehr zu befürchten, je größer das Territorium ist und je zahlreichere Untersucher beteiligt waren. Für die Resultate wird es dann vorteilhafter sein, sich auf kleinere einheitliche Gebiete zu beschränken und die Unterschiede exakt herauszuheben. Von den örtlichen Merkmalen sind die *räumlichen* zu unterscheiden. Diese gehören zu den sachlichen Motiven und beziehen sich auf Raumgrößen nach Kubikmetern oder bei Wohnungen auch nach Quadratmetern in der Boden- oder Seitenfläche.

Bei den *zeitlichen Merkmalen* sind zu unterscheiden: a) Zeitstrecken nach der Dauer des Ablaufs oder dem Zeitmaß, wie Tage, Wochen, Monate, Jahre, Jahreszeiten und Perioden sowie b) Zeitpunkte nach einem bestimmten Augenblick, Entwicklungsquerschnitt oder erreichten Ziel. Wenn dieses gleichzeitig die vorher zurückgelegte Strecke mitumfaßt, wird das Merkmal zu der „verlebten Zeit“ und gewinnt als „Alter“ den Charakter einer sachlichen Kennzeichnung.

In der erforschten Zeitstrecke können wiederkehrende Erscheinungen oder Wiederholungen auftreten, die sich als regelmäßige oder unregelmäßige Zyklen einstellen. Sie bieten wesentliche Hinweise auf periodisch wirkende Einflüsse und nach den Intervallen auf den Entwicklungsablauf, ermöglichen daher auch prognostische Schlüsse.

Für die *sachlichen Merkmale* bedarf es einer exakten, gestrafften Analyse der Untersuchungsobjekte nach Art, biologischem Verhalten, Gruppenzugehörigkeit und Differenzierung, z. B. nach Alter, Geschlecht, Beruf, Einkommen und Steuerklasse, Fruchtbarkeit, Lebensdauer, Ernährungsgewohnheiten, Wohnraum, Unfallgefährdung u. ä. Ihre unabsehbare Zahl wird noch vermehrt durch die Vielfalt der Beziehungen zu anderen, gleichzeitigen Komponenten. Die dabei auftretende Stoffülle kann dazu verleiten, die Untersuchungen sehr weit auszudehnen und den Überblick zu verlieren. Es empfiehlt sich daher, sich an die Erfahrungsregel zu halten, nicht mehr als vier korrespondierende Beziehungen in einem Arbeitsgang aufzunehmen, weitere Aufgliederungen jedoch gesondert zu prüfen und sich dabei schlüssig zu werden, ob das Ergebnis den erforderten Aufwand an Mühe und Zeit rechtfertigen wird. Die Stoffgliederung wird sich nach dem Untersuchungsziel richten, wobei die Aufstellung einer Tabelle mit den markanten Merkmalen die Auswahl der Wesenszusammenhänge erleichtert.

So werden bei einer Untersuchung der *Selbstmorde* anzusetzen sein: Alter, Geschlecht, Jahreszeit, Todesart, Gründe, seelische Zustände, soziale Lage, Krisenzeiten, körperliche Befunde, Obduktionsergebnisse, Frequenz, Konfession, erfolglose Versuche u. a. Aus dieser Stoffliste wird man zunächst auswählen: Alter, Geschlecht und Todesart, sodann etwa: Krisenzeiten, soziale Lage und Jahreszeit; weitere Gruppierungen ergeben sich aus der aufgeworfenen Frage.

2. Begrenzung des Untersuchungsbereichs

Nicht immer oder sogar nur ausnahmsweise ist es möglich, ausgedehnte Reihenuntersuchungen oder -beobachtungen lückenlos durchzuführen. Solche Arbeiten erfordern sehr viel Zeit, Hilfskräfte und Geldmittel, über die nur dann verfügt werden kann, wenn das zu erwartende Ergebnis die Mühen rechtfertigt und eine wertvolle Bereicherung unserer Erkenntnisse erwartet werden darf. Auch eignen sich nicht dafür solche Tatsachen und Ereignisse, die von den meisten Menschen als persönliches Geheimnis angesehen und daher nur mit Zurückhaltung oder Mißtrauen behandelt werden. Nur wenn es gelingt, eine absolute Anonymität zu wahren, darf man damit rechnen, daß grobe Fehler vermieden werden. Es ist eine Frage des Taktes und der Geschicklichkeit, solche berechtigten Widerstände zu überwinden.

Am leichtesten wird es möglich sein, diesen beiden Schwierigkeiten zu entgehen, wenn man sich auf *kleine Bereiche* beschränkt und in ihnen *Gruppen* bildet. In ihnen wird die Forderung der Gleichartigkeit zuverlässiger erfüllt werden können, so daß die biologische Vielseitigkeit und Vielgestaltigkeit auf eine übersichtliche Anzahl von Faktoren reduziert werden kann ohne die Zuverlässigkeit der Resultate zu gefährden. Mehrfache Gruppen in gleicher Bearbeitung gestatten Zusammenfassungen für größere Bereiche.

Auch in diesen Gruppen ist eine Ordnung nach örtlichen, zeitlichen und sachlichen Merkmalen nötig, und zwar in gleicher Weise wie bei den umfassenderen Reihenuntersuchungen. Bei ihrer Gliederung entspricht die kleinste Einheit am sichersten der notwendigen Höchstforderung. Für einen groben Überblick wird es genügen, Berufsanalysen nach übergeordneten Berufsabteilungen vorzunehmen, während feinere Einzelheiten nur erkennbar werden, wenn die differenzierten Berufsgruppen untersucht werden. Spezifische Erscheinungen werden sogar nur bei einer kleinen Auswahl einzelner Berufe anzutreffen sein. Bei der Prüfung von Kinderarbeit wird die Gruppe der Kinder von 0 bis 14 Jahren als gleichartig und gleichwertig angesehen werden können, nicht aber bei Untersuchungen über die Sterblichkeit. Da diese in den ersten drei Tagen größer ist als in der Zeit vom vierten bis zum zehnten oder zwölften Tage und dann weiter zurückgeht, wird eine Gliederung der Sterblichkeit nach Altersstunden, Alterstagen, Altersmonaten und dem ersten Lebensjahr notwendig sein. Unzweckmäßig ist aber die Bildung „offener Gruppen", die nach oben oder nach unten nicht scharf begrenzt werden, z. B. Heiratsfähige unter 20 oder über 60 Jahren. Diese nachlässige Form läßt später weitere Vergleiche nicht zu, weil die Differenzierung fehlt.

3. Methodik

Für die Aufbereitung einer Statistik sind entweder positive oder aber negative *Kennzeichen* ausreichend. Bei den Reihen- und besonders den Gruppenuntersuchungen sind jedoch positive und negative Momente in gleichem Maße bedeutungsvoll, auch wenn zu Beginn der Arbeiten ihr Wert nicht sofort erkennbar wird. Im weiteren Verlauf und vor allem bei vergleichenden Untersuchungen nach längerer Zeit wird ein Mangel von Daten, die einst für unerheblich angesehen wurden, als sehr störend und sogar als ergebnisgefährdend empfunden. Eine Bequemlichkeit aus zeitlicher Rücksicht erfordert dann schwierige Rekonstruktionen, wenn sie überhaupt noch möglich sind. So wurde eine systematische Untersuchung der Eiweißmangelschäden (Hungerödem) in den ersten Nachkriegsjahren verabsäumt, obwohl Menge und Schwere der Erkrankungen sowie die Zahl der Todesfälle eine gründliche Klärung unter Berücksichtigung der Nahrungsrationen und der Zeitdauer der Mangelernährung hätte sichern können.

Solche Erfahrungen wurden für die Untersuchungen in den Krebsberatungsstellen in Nordrhein-Westfalen nutzbar gemacht. Die *Untersuchungsbogen* sehen bei einer auf das Mindestmaß reduzierten Schreibarbeit alle wichtigen Angaben aus den Personalien, der Familienanamnese, der eigenen Anamnese, dem Befund, der Diagnosenbegründung und den Ergebnissen der Beratung vor, enthalten aber für spätere ätiologische Auswertungen auch Angaben über Menarche, Regeltyp, letzte Regel, Menopause, Geburtenzahl, Fehlgeburten, Blutungen, Ausfluß, Alkohol, Kaffee, Nikotin, venerische Infektion, Urin- und Stuhlentleerung, Gewichtsabnahme und Ernährung unter Berücksichtigung von Fett, Fleisch, Brot, Gemüse und Obst.

Bei einer Nachprüfung von 2000 Schwangerschaftstuberkulosen über einen Zeitraum von 7 Jahren (1940—1947) im Vergleich zu Tuberkuloseerkrankungen ohne Schwangerschaft enthielten die Feststellungsbogen 15 Positionen, nämlich Personal-Chiffre, Datum der Geburt (M. X.), Datum der Frühgeburt (M. IX—VIII), Datum der Fehlgeburt (M. VII—I), Datum der Schwangerschaftsunterbrechung (Monat ?), Alter der Mutter bei Eintritt der Schwangerschaft, Beginn und Verlaufsform der Tbc nach Eintritt der Schwangerschaft (akut, chronisch, stationär, fortschreitend, aktiv, offen, geschlossen oder inaktiv), Anzahl der Jahre seit Erkrankungsbeginn, wievielte Schwangerschaft, Kind gestillt, Kind lebt, gestorben (wann?), tbc-krank, Mutter gebessert, gleichgeblieben, verschlechtert, wenn verschlechtert: wann? in der Gravidität? im 1. Halbjahr? im 2. Halbjahr? im 2. Jahr post partum?, wenn gestorben: wann? Für das Ergebnis nach dem Befinden der Mutter bei abgeschlossenen Schwangerschaften konnte eine Übersicht gegeben werden, die mit den Summen der absoluten und prozentualen Werte je 90 Rubriken umfaßte und eine zuverlässige Prognose ergab (59).

Während sich die Statistik bei ihren Auswertungen am liebsten mit einer zweifachen bis höchstens vierfachen Gliederung begnügt, erfordern die sozialhygienischen und sozialpathologischen Untersuchungen weitreichende Fragestellungen; denn sie müssen der biologischen Vielgestaltigkeit und ätiologisch-kausalen Beziehung nachgehen, indessen die Statistik auf Übersichtlichkeit und Normen Wert legt. Das Ziel der Untersuchung darf gleichwohl nicht aus dem Auge verloren werden, ohne ihm jedoch durch Vorwegnahme von Teilergebnissen Gewalt anzutun (Antizipation des Resultats).

Trotz weitester Gliederung in Einzelmerkmale darf die Übersichtlichkeit nicht leiden. Darauf muß schon bei der sorgfältigen Aufstellung des Untersuchungsbogens geachtet werden. Dieser Gefahr kann rationell begegnet werden, aber es kann dann vorkommen, daß die Befunde oder Fälle für die zahlreich gebildeten Rubriken nicht groß genug sind, um signifikant zu wirken. Die Gleichartigkeit der Objekte wird dann durch die geringe Zahl abgewertet. In solcher Lage ist es notwendig, aus den Untergruppen sinngemäße Obergruppen zu bilden, in denen der Merkmalscharakter gewahrt bleibt.

4. Werte und Wertverwendung

Die Ergebnisse sozialhygienischer und sozialpathologischer Untersuchungen unterscheiden sich sehr erheblich von statistischen Werten. Diese sollen eine große Reihe in ganz wenigen Zahlen oder möglichst nur in einer einzigen Zahl überblicken lassen. Dazu dienen die Mittelwerte, und zwar der mittlere Wert oder Zentralwert und der durchschnittliche Wert oder das arithmetische Mittel (60, 61, 62). Wie ihr Name sagt, sind sie mathematische Operationen. Der Zentralwert bezeichnet die Mitte einer Reihe und wird gefunden, indem man die Zahl der Fälle um 1 vermehrt und durch 2 dividiert, z. B. bei 100 Fällen: $100 + 1 = 101 : 2 = 50\frac{1}{2}$. Das arithmetische Mittel erhält man, wenn man die Zählergebnisse aller Fälle addiert und die Summe durch die Zahl der Fälle teilt, z. B. $50 + 60 + 70 + 65 + 53 = 298 : 5 = 59^3/_5$. Ihrer Aufgabe entsprechend verfährt die Sozialhygiene bei ihren Untersuchungen anders. Sie will nicht nur die größten Anhäufungen feststellen, sondern vor allem auch die weiteste Spanne von Zuständen und Ereignissen kennenlernen, d. h. die ertragenen und erträglichen *Maxima und Minima* gesellschaftlicher Vorgänge.

Bei *klimatischen Einwirkungen* kommt es ihr nicht auf die mittlere Monats- oder Jahrestemperatur, die mittlere Niederschlagsmenge und den mittleren Feuchtigkeitsgehalt der Luft an, sondern auf die höchsten und niedrigsten Extreme, die von der Bevölkerung ausgehalten werden müssen oder können. In unserem Bereich muß sich der Körper auf Temperaturunterschiede von etwa 40°C einstellen. Eine solche Belastung ist für einzelne Lebensalter, verschiedene Konstitutionen und manche Krankheitszustände bedeutungsvoll. Zwischen Maximum und Minimum liegen abnehmende und zunehmende Streuungsbefunde, die sich als größte Anhäufungen um den dichtesten oder häufigsten Feststellungswert gruppieren. Er läßt sich graphisch in der GALTONschen oder QUETELETschen Kurve (Variationskurve) darstellen.

Für ihre Maßnahmen oder Vorschläge bei der Prognose, Therapie, Prophylaxe, Fürsorge, Vorsorge und Wiedereingliederung in den Sozialprozeß (Rehabilitation) braucht die Sozialhygiene eine Eruierung der kausalen Bedingungen und ätiologischen Anlässe für sozialpathologische Erscheinungsformen. Sie darf sich dabei nicht mit allgemeinen Parallelitäten, Konkordanzen und Korrelationen zufrieden geben, an denen das moderne Leben in Wirtschaft und Kultur infolge seiner vielfältigen sozialen Verflechtungen so reich ist, sondern ist gezwungen, die sich darstellenden Veränderungen qualitativ und quantitativ auf die *Grundauslösung* zurückzuführen.

Welche Kritik und Sorgfalt dabei erforderlich ist, zeigt QUETELET in seinem Hauptwerk „Sur l'homme et le développement de ses facultés, ou essai de physique sociale“ (63) am Einfluß von *Armut und Teuerung* auf die *Sterblichkeit.* „Um aber die Schwierigkeit, welche sich hier darbietet, aufzuklären, ist es wichtig, zuerst darauf aufmerksam zu machen, daß die Sterblichkeit nicht in demselben Augenblicke, wo das Brot teurer zu werden anfängt, sich steigert; die übermäßige Sterblichkeit ist erst die Folge der Krankheiten und aller der Entbehrungen, denen die Armen während der Teuerung sich unterwerfen müssen, weshalb der Einfluß der Volksnot in den Sterbelisten meistens erst mehrere Monate und zuweilen erst ein Jahr nach dem Beginn derselben sich zu erkennen gibt. Zudem verschwinden die Folgen nicht auf einmal; der Preis des Brotes kann wieder auf seinen gewöhnlichen Stand zurückgekommen sein oder selbst noch tiefer stehen und die Sterblichkeit doch noch viel bedeutender sein als gewöhnlich. Auch hätte man Unrecht, wenn man annehmen wollte, daß auch die unbedeutenderen Schwankungen in den Preisen der Lebensmittel verhältnismäßig in den Sterbelisten sich zu erkennen geben müssen; da der Umstände, welche auf die Sterblichkeit einen Einfluß ausüben, so viele sind, so muß ein einzelner sehr mächtig einwirken, wenn die Spuren seiner Einwirkung sehr fühlbar hervortreten sollen“.

IV. Erforschung der öffentlichen Meinung, Demoskopie und Subjektivismus der Einstellung

1. Wissenschaftliche Meinungsforschung

Während die Objektivation der Vorgänge aus Untersuchungs- und Beobachtungsreihen einen persönlichen Abstand von den Ereignissen voraussetzt und eine rationalistische Analyse in der Betrachtung von außen, gewissermaßen aus der Vogelschau darstellt, betont die *wissenschaftliche Meinungsforschung* eine Sicht von innen vorwiegend in psychologischer Auffassung, Deutung und Einstellung. Die Objektivation beurteilt, um einen Vergleich zu gebrauchen, ein Gebäude nach seiner Außenfront und Fassade, seiner Auffahrt und seinen Zugängen, nach der Lage im Vergleich zur Nachbarschaft und Umgebung, nach den äußeren Bedingungen und Einflüssen sowie der Widerstandsfähigkeit gegen die Witterung; im *Subjektivismus* von Einstellung und Deutung wird das Haus innen erleuchtet und durchwandert, um die einzelnen Räume kennen zu lernen, ihre Benutzung zu prüfen und aus ihrer Ausstattung, Ordnung und Reinlichkeit auf den Besitzer zu schließen, der aus den Fenstern einen kennzeichnenden Aus- und Überblick über seine Umgebung in der Nähe und Ferne hat.

Es ergeht dabei dem Untersucher so wie dem Betrachter in GOETHES Gedichten, die er mit „gemalten Fensterscheiben" vergleicht (64). Sieht man vom Markt in sie hinein, „da ist alles dunkel und düster".

„Kommt aber nur einmal herein!
Begrüßt die heilige Kapelle;
Da ist's auf einmal farbig helle,
Geschicht' und Zierat glänzt in Schnelle,
Bedeutend wirkt ein edler Schein."

Der Wert einer solchen Erkenntnis im Lichte des Subjektivismus beruht in der Möglichkeit, die soziale Überzeugung und Haltung von Personen, Gruppen oder Kollektiven nach ihrer individuellen Selbständigkeit und gesellschaftlichen Gebundenheit erfassen zu können. Wenn sich die persönliche Auffassung an der „überwiegenden Meinung" kontrolliert, begibt sie sich in Gefahr, die eigene rationalistische Freiheit zu verlieren. Damit ist jedoch zunächst nichts darüber präjudiziert, ob die zahlenmäßige Menge einer Ansicht, ihr Übergewicht als Massenüberzeugung richtig oder unzutreffend, wahr oder fehlerhaft ist (65, 66). Sie bringt jedoch den „Willen der Mehrheit" zur Geltung, wenn sie suggestiv wirkt.

Von ihm rückte GOETHE in seinen Abhandlungen über Naturwissenschaften ab: „Nichts ist widerwärtiger als die Majorität; sie besteht aus wenigen kräftigen Vorgängern, aus Schelmen, die sich akkomodieren, aus Schwachen, die sich assimilieren, und der Masse, die nachtrollt, ohne nur im mindesten zu wissen, was sie will" (67). Eine einzelne begründete, überlegte Ansicht kann jedoch trotz aller Gegensätze zur Menge richtig sein. Dafür haben die Genies und fortschrittlichsten Denker aller Zeiten und Zonen ihr heroisches Opfer bringen müssen (68). Das entscheidende Kriterium für die Qualität einer Auffassung und einer vorherrschenden oder überwiegenden Meinung ist nicht die Ponderabilität der Zahl, sondern die Kausalität ihrer Entwicklung, die Konsequenz ihrer Fortführung und die Zuverlässigkeit ihrer Wirkung.

Diese Kennzeichen bewahren vor einer unzulässigen Verallgemeinerung von vorhandenen Einzel- oder Gruppenerscheinungen. Es darf nicht versäumt werden, sie mit der sozialgesunden Norm, wie auch mit dem Querschnitt durch die Bevölkerung zu vergleichen. In der Begeisterung für eine Arbeit oder eine Entdeckung kann eine Maßlosigkeit in subjektiver oder methodischer Beziehung das Ergebnis bis zur Verfälschung entstellen (69). Sie entspricht dem „Fehler der kleinen Zahl" in der Statistik und einer subjektiv eingestellten Beweisführung.

2. Erhebungsmethodik

Beim *Stichprobenverfahren* geht die Erforschung der öffentlichen Meinung von der Erfahrung aus, nach der bei gesicherter Homogenität die Wesensform der Gesamtheit sich auch in der Summe der ausgewählten Teile wiederfindet. Dieses eklektische Teilergebnis berechtigt zu einer Verallgemeinerung jedoch nur dann, wenn die Stichprobe ein wahrheitsgetreues Spiegelbild des Ganzen in verkleinerter Form ist und auslesende Besonderheiten nicht übersehen werden. Die Probe aufs Exempel kann in umgekehrter Sicht vorgenommen werden, indem man einen Auslesefaktor hypothetisch annimmt und prüft, welche Wirkung er auf das Ergebnis haben würde.

Die Stichproben werden nach drei Verfahren ausgesucht:

1. beim völligen Zufall rechnet man mit einem Umfang von 5—15% Stichproben;
2. eine systematisierte Zufallsauswahl benutzt einen festen Schlüssel, indem sie z. B. jedes 10. oder 30. oder 100. Objekt auswählt;
3. im Quotenverfahren wird die Auswahl nach sachlichen Gesichtspunkten getroffen, z. B. nach der sozialen Stellung, dem Einkommen, dem Geschlecht, der Wohnverteilung (70, 71).

Die *Erhebungsmethodik* gliedert sich in zwei Aufgaben: in die Feststellung der gesellschaftlichen Erscheinungen und ihre Auswertung. Nach dem Vorbild amtlicher oder sozialökonomischer Enqueten werden umfangreiche, dem Gegenstand angepaßte *Fragebogen* verwendet, die schriftlich beantwortet werden. Sie werden umso besser verstanden und zuverlässiger ausgefüllt, je einfacher, eindeutiger und präziser gefragt wird. Für einen gemischten Bevölkerungskreis ist die Kenntnis von Heimat, Gewohnheiten, Idiomen und Slangs unerläßlich. Danach wird sich die Wahl der Ausdrücke und spezifischen Formulierungen zu richten haben, damit trotz einheitlicher Gestaltung der Sachverhalt von allen Versuchspersonen zweifelfrei begriffen wird. Dies bereitet oft viele Nöte und ist leichter gesagt als getan; aber die aufgewandte Sorgfalt wird durch ein klares Ergebnis gerechtfertigt. Wenn bereits sichere experimentelle Grundlagen vorhanden sind, dürfen die Umfragen der soziologischen Schichtung angepaßt, vereinfacht und standardisiert werden (66, 72). Besonders erleichtert werden Verständnis und Antwort, wenn nicht behördliche Gewohnheiten übernommen werden, sondern jeder einzelne sich in seiner individuellen Art persönlich angesprochen fühlt. Der entstehende subjektive Kontakt hilft über manche Bedenken oder Hemmungen hinweg.

Trotzdem wird der Untersucher oder Befrager auch dann noch gelegentlich oder oft genug mit Erläuterungen helfen müssen. Ihre Art und ihr Umfang muß vorher festgelegt und normiert werden. Daher wird in schwierigen Situationen, in denen der Proband auf Stellung, Abhängigkeitsverhältnis, Takt und Höflichkeit Rücksicht nehmen muß, die *Ermittlermethode* vorzuziehen sein. Bei ihr wird strengstes Stillschweigen zugesichert und jeder Vermerk unterlassen, der auf die Person des Befragten Rückschlüsse gestatten könnte. Nötigenfalls sind Chiffreschrift, Codeschlüssel oder Kryptographen von dem Interviewer selbst anzuwenden. Bei seinen Erhebungen vermag der Ermittler durch sein Einfühlungsgeschick, seine Erläuterungen und Ergänzungen das Vertrauen leichter zu gewinnen, als mit der unpersönlichen schriftlichen Methodik. Er wird sich aber auch der Grenzen seines Verhaltens bewußt bleiben und rechtzeitig merken, wenn er durch allzu subtile Ausführungen suggestiv wirkt oder Widerstand findet. Die Untersucher oder Ermittler werden daher sorgfältig wie Propagandisten ausgewählt und eingehend geschult werden müssen, damit sie die Objektivität der Ergebnisse nicht gefährden. In geschlossenen Sozialgruppen entwickelt sich nach den vorliegenden Erfahrungen ein Kontakt, der mit jeder weiteren Aussprache sicherer wird und ein tiefes Eindringen in die Problemstellung zuläßt. Dieses Verfahren hat jedoch im Vergleich zu der wesentlich einfacheren Fragebogenmethode zwei erschwerende Nachteile: die Ermittlermethode ist kostspieliger und zeitraubend. Aber sie entschädigt durch die größere Zuverlässigkeit ihrer Resultate.

Bei beiden Formen der wissenschaftlichen Meinungsforschung sind drei *methodische Grundvoraussetzungen* zu erfüllen:

1. die repräsentative Stichprobe der Gesamterhebung bedarf einer Kontrolle durch eine Vollerhebung oder eine „100-Prozent-Stichprobe" an einer ganzen Gruppe. Sie läßt sich an begrenzten Einheiten durchführen, z. B. an einer Schule, in einer Straße, in einem Stadtteil oder einer Landgemeinde, in einem Betriebe, in einer Anstalt oder auf Schiffen. Eine Unterweisung über Wert und Ziel der Untersuchung schafft einen Gemeinschaftsgeist, der sich zum Wettbewerb bis zur Rivalität bereitfindet (66);
2. die normierte Informationsermittlung muß für alle Probanden bzw. Untersuchten eine gleiche Situation schaffen, in der sich keinerlei Einfluß des Ermittlers geltend macht, da nur dann vergleichbare Befunde erwartet werden können;
3. die Auszählung und Auswertung der Ergebnisse hat objektiv zu erfolgen und darf nicht durch vorgefaßte Erwartungen geleitet werden. Das Ziel muß unbekannt bleiben, und auch negative Ergebnisse, die den gehegten Wünschen nicht entsprechen, sind als neue Erkenntnisse zu werten, sofern der Versuch vorher exakt auskalkuliert wurde und nicht etwa von vornherein als überflüssiges Experiment angesehen werden mußte. Es gilt auch hier der Grundsatz, der Aufwand an Zeit, Mühe und Geld müsse den Erfolg auch rechtfertigen; sonst müsse der Versuch unterbleiben. Von wissenschaftlichen Experimenten an Menschen wird verlangt: „Der Versuch muß derart sein, daß fruchtbare Ergebnisse für das Wohl der Gesellschaft zu erwarten sind, welche nicht durch andere Forschungsmittel oder Methoden erlangt werden können und welche ihrem Wesen nach nicht willkürlich und unnötig sind" (74). Dies gilt in sinngemäßer Abwandlung auch hier; denn sonst werden die Erhebungen und Untersuchungen zu kostspieligen Spielereien oder bedenklichen Verlegungen von sozialen Fladderminen.

Die *Mitwirkung der Probanden* wird durch ihre Bereitschaft und ihre Fähigkeit zur Lösung der Aufgabe bestimmt. Beide zeigen natürliche Korrelationen zu den drei Kriterien von Bildung, Beruf und Elternhaus. Im Beginn des Versuchs pflegt eine deutliche Ambivalenz der Einstellung aufzutreten. Eine scheue Hemmung oder Zurückhaltung wird durch eine sichtliche Anteilnahme an dem aufgestellten Problem und eine verhaltene Bereitwilligkeit zur Mithilfe kompensiert. Bei Frauen ist der Rapport gewöhnlich schwerer herzustellen als bei Männern. Diese sind im allgemeinen sachlicher, nüchterner und persönlich weniger beteiligt, zeigen sich darum auch gleichgültiger. Dagegen neigen Frauen häufiger zur Verweigerung, sind aber schließlich mit Herz und Verstand bei der Sache, wenn sie erst einmal überzeugt werden konnten. Bei der Fähigkeit zur Mitarbeit oder Aussage spielen Einsicht, rationelles Erfassen, Erinnerung, emotionelle Anteilnahme, Aufrichtigkeit, Geltungsbedürfnis, Ressentiment und Übertreibung mit. Als sachlicher Maßstab für den Wert der Leistung kann die Spontanität und Raschheit gelten, mit der die Versuchsperson reagiert. Der Untersucher kann fördernd oder hemmend eingreifen, wenn er seine Technik individuell variiert.

Mit besonderem Vorteil wird man sich in zweifelhaften Lagen einer *Schnellmethodik* bedienen können, um Häsitationsfehlern vorzubeugen. Durch ein Schnellfeuer von Aufträgen und Fragen wird der Erfolg von Augenblickseingebungen nicht gefährdet, und der Versuchsperson bleibt keine Zeit übrig, um eine rationalistische Korrektur durch Überlegung oder Veränderung der Haltung anzubringen.

Solche Kunstgriffe werden aber Ausnahmen bleiben. Die Methode der Wahl sind *Team-Untersuchungen* durch mehrere oder zahlreiche Experten, Untersucher, Beobachter, Ermittler oder Interviewer. Sie hat den Vorteil der Gründlichkeit, weil auf jeden einzelnen Ermittler nur einige wenige Untersuchungen, am vorteilhaftesten 5 bis 10 entfallen. An eine gleichmäßige Vorbereitung, eine bis in die Einzelheiten reichende Instruktion und eine Vorschulung werden zunächst Probeversuche angeschlossen, die erkennen lassen, ob an der Methodik oder den Helfern Verbesserungen nötig sind. Wenn die Ergebnisse vergleichbar und damit richtig werden sollen, muß die Methodik gleichmäßig gehandhabt und von jedem einzelnen beherrscht werden. Dazu ist eine systematische Unterweisung unentbehrlich. In ihr werden die Aufgaben und Fragen genau festgelegt, übersichtlich und logisch ausgearbeitet, dem Niveau der Klientel angepaßt und auf exakte Werte abgestimmt. Dann ist der Stab von Helfern imstande, mit den wenigen, dem einzelnen zugeteilten Probanden sorgfältig und gründlich zu arbeiten.

3. Mitarbeit der Probanden

Wenn die Versuchspersonen nach einem der drei angegebenen Stichprobenverfahren ausgesucht werden, gibt der Vergleich einen bildgetreuen Querschnitt durch die Bevölkerung. Aber es muß mit den geschilderten Hemmungen, Ambivalenzen und Vergröberungen gerechnet werden. Solchen Schwierigkeiten entgeht man, wenn man geeignete Probanden gewinnt, die eine größere Gewähr für Bereitwilligkeit zur Aussage und Fähigkeit zur Mitarbeit bieten. Dies geschieht, indem man zur *freiwilligen Beteiligung* aufruft, die Versuchspersonen aufsucht und sie an dem Ergebnis und den Lösungen beteiligt. Der Vorteil besteht in einer Vertiefung von Exploration und Untersuchung sowie einer persönlichen Beziehung. Als Nachteile sind die geringeren Bestände, eine ungleichartige Zusammensetzung, die dem Querschnitt durch die Bevölkerung nicht entspricht, und eine Gruppenverschiebung der Resultate anzusehen. Durch eine sorgfältige Vorbereitung und eine Sichtung, die sich an die Sozialgruppen anlehnt und die Quotenausweisung innerhalb der Gesamtbevölkerung zugrundelegt, können Fehler der Verallgemeinerung ausgeschlossen werden.

Zur *Kontrolle* dient schließlich auch das Konformitätsstreben der Gruppenmitglieder wie auch die Divergenzneigung gegen andere Gruppen. Beide Momente ergeben sich aus der Struktur des jeweils in die Untersuchung einbezogenen sozialen Systems, aus dem stärkeren oder gelockerten Bewußtsein der Zusammengehörigkeit, den sich bildenden Interessengemeinschaften und der in diskordanter Entwicklung sich einstellenden Verschiedenheit der Strebungen bis zur ausgesprochenen Gegensätzlichkeit.

Bei diesen Reihenerhebungen und Gruppenerhebungen sind die Ergebnisse in der Regel *Annäherungswerte* im Bereiche der Streuung mit einem mittleren Fehler, weil Gedächtnisuntreue, Hemmungen, Bindungen, Konflikte, Verschleierungen und Unwahrhaftigkeit die Angaben beeinträchtigen und den Aussagewert verändern. Dazu kommen noch die Unterschiede, die durch die biologischen Varianten hervorgerufen werden. Von ihnen gilt die Beobachtung: „Die Verhaltensweisen variieren mehr als die physiologischen Merkmale und diese wiederum mehr als der morphologische Charakter“ (75). Nach den zahlreichen Erfahrungen bei umfassenden Erhebungen weichen jedoch die Häufigkeitsziffern für den richtigen Wert nur um höchstens 5—10% vom Mittelwert nach der Plus- oder Minus-Seite ab (65, 66, 72). Wenn es auf einen exakten Nachweis mit genauesten Daten wesentlich ankommt, wird der gleiche Versuch unter den früheren Voraussetzungen nach 18 bis längstens 36 Monaten wiederholt werden müssen; dabei entfallen in der Regel die psychologischen Momente von Hemmung oder Begünstigung, so daß verläßliche Daten gewonnen werden. Die abschließende Kontrolle für den Mengen- oder Massennachweis bietet die Wahrscheinlichkeitsrechnung als experimenteller Erfolgsnachweis in doppelter Hinsicht (60). Alle Ergebnisquoten, die unterhalb eines

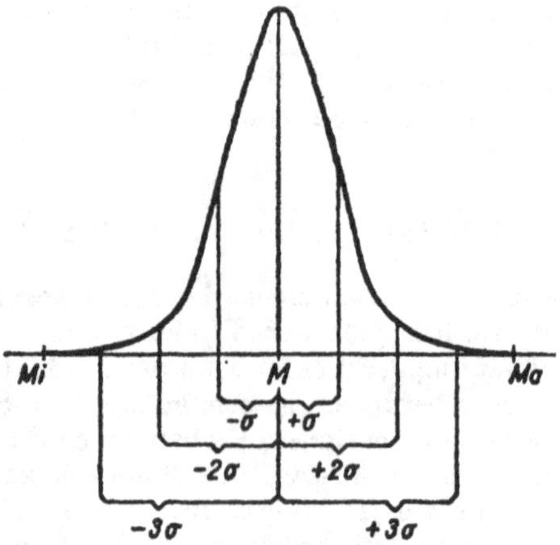

Mi = Minimum *M* = Mittelwert *Ma* = Maximum

Abb. 1. Streuungsbereiche bei Normalverteilung

Index von 1 bzw. 100 oder innerhalb der „Drei-Sigma-Grenze“ (3σ) von $P = 99{,}73\%$ liegen, sind Zufalls- oder Fehlerwerte im Streuungsbereich. Als signifikant können nur solche Werte gelten, die jenseits der Streuung von $P = 100$ bzw. der $3\,\sigma$-Grenze liegen.

Schließlich sind auch noch Einfluß und *Rückwirkung* der Untersuchungen, Erhebungen und Ergebnisse auf die Probanden im einzelnen oder auf verschiedene Versuchsgruppen zu prüfen. In der Vorbereitungs- und Durchführungsphase kann eine Förderung der Arbeiten erwartet werden, wenn die Versuchspersonen an der Problemlösung inneren Anteil nehmen, das Resultat gern kennenlernen möchten und ihr eigenes Verhalten auf seine „Normengerechtigkeit“ abwägen wollen. Nach dem Abschluß sind drei Möglichkeiten von Rückwirkungen denkbar und auch beobachtet worden: die Ergebnisse bleiben unbeachtet oder sie erweisen sich als erzieherisch, konstruktiv und ermutigend oder aber sie üben einen gefährdenden und destruktiven Einfluß aus. Danach wird sich die Art der Verwendung und die Form der Veröffentlichung zu richten haben, damit die an sich notwendigen und förderlichen Feststellungen nicht von unberufenen Lesern durch Mißdeutungen entstellt werden.

Bei allen Untersuchungen dieser Art, die sich mit der Auffassung und dem Verhalten von Bevölkerungskreisen beschäftigen, darf nicht vergessen werden, daß eine subjektive Einstellung in einem vorhandenen Milieu festgestellt werden soll. Die Ergebnisse bieten somit keine ätiologische Beurteilung, vermögen aber wichtige Hinweise für eine solche zu erbringen. Zu ihrer Ergänzung sind Analyse und Synthese der Erscheinungen sowie das *Experiment* nötig, und zwar als natürliches Großexperiment wie auch als Gruppenexperiment mit konkreten Fragestellungen.

V. Das große Experiment des Lebens

1. Lebensäußerungen und Aktualsituationen

Man spricht wohl von einer Ertüchtigung für das Leben und einer Bewährung im Leben, aber es erscheint widerspruchsvoll, einen natürlichen Entwicklungsprozeß als Experiment auffassen zu wollen. Es ist daher erforderlich, die im Sinne von Sozialhygiene und Sozialpathologie anwendbaren Begriffe klar zu umreißen und den sozialbiologischen Vorgang reinlich abzustecken, um ihn von physikalischen und physiologischen naturwissenschaftlichen Erscheinungsformen abzugrenzen. Die *Lebensäußerungen* in dieser Auffassung stehen in engster Beziehung zu den Kulturleistungen und zum Zivilisationsprozeß. Sie sind in gleicher Weise wie die „Geschichtskörper" nach der Lehre der Geschichtssoziologie eingeschlossen in einem nach Raum, Zeit und Volk umschriebenen Gestaltungsbereich mit wohlcharakterisierten allgemeinen und individuellen Zügen (76 bis 81). In der natürlichen, unveränderten Umwelt werden durch die Tätigkeit des Menschen sozialgeschützte Landschaftsgehege und Wohngebiete geschaffen, in denen Individuen und Gruppen unter abgewandelten Bedingungen leben, sich inter- und überindividuellen Beziehungen einfügen und durch die jeweils bestimmende Gesellschaftsidee, den Zeitgeist, geformt werden. Im Gleichmaß voraussehbarer Kräfte verläuft in solchen Gebilden der Lebensprozeß kontinuierlich, ruhig und erwartungsgemäß, solange nicht besondere endogene oder exogene, hervorstechende Faktoren Veränderungen bewirken. Sie können ungewollt oder auch beabsichtigt sein und nähern sich dann den Voraussetzungen, die an ein *Experiment* zu stellen sind.

Dabei muß man von den Anforderungen und Erfahrungen ausgehen, die von den exakten und angewandten Wissenschaften festgelegt worden sind. „Das Experiment ist ein Eingriff zu wissenschaftlichen Zwecken", sagt KARL KISSKALT in unübertrefflicher Einfachheit und Prägnanz (82). Es wird aus verschiedenen *Motiven* angestellt, von denen nur die wesentlichsten genannt seien: a) um eine Beobachtung zu wiederholen, b) um einen Vorgang ohne besonderen Leitgedanken einfach zu erproben, c) um die sich bei ihm ergebenden weiteren Fragen und Faktoren zu modifizieren, d) um einen Gedankengang oder eine Idee durch Beschränkung und Veränderung zu bestätigen (Gedankenexperiment), e) um den Einfluß einzelner oder mehrerer Faktoren zu prüfen (Einfaktorenexperiment und Mehrfaktorenexperiment).

Für die Anwendung in der Sozialhygiene bedarf es einer ihren Aufgaben und Zielen angepaßten Erweiterung. Bei ihnen sind die leitenden Absichten für ein Experiment solche bewußt gestellten Vorgänge, die geeignet sind, die Wirkung eines Motives oder mehrerer einfacher, leicht übersehbarer Motive auf eintretende Veränderungen zu prüfen. Der sich in einem ruhigen, gleichmäßigen Strom des Geschehens abspielende Sozialprozeß ist auch dann kein Experiment, wenn alle beeinflussenden Faktoren überblickt werden können, weil die zielstrebige Absicht fehlt und noch weniger in die Augen fällt oder bewußt wird, als beim Kriege mit seiner verhüllten oder unverhüllten Tendenz, eine gewollte Veränderung mit Gewalt zu erzwingen. Gestellte soziale Versuche dagegen setzen einen Faktor oder einige übersichtliche Faktoren an, um die Bedingungen der Entwicklung abschätzen und prüfen zu können. Sie sind damit wohlcharakterisierte soziale Experimente. Sie gehen auf eine *planmäßige Erfahrung* aus, die wiederholbar und auch nachprüfbar ist, indem man Vorgänge unter möglichster Ausschaltung aller Nebenwirkungen systematisch beobachtet, die Ursachen qualitativ und quantitativ erfaßt sowie umgekehrt die Wirkung aus der Ursache erklärt oder doch erklären kann.

Während Leben und Krieg sich als kontinuierliche Prozesse darbieten, bei denen die einzelnen Phasen als Abfolgen oder Sukzessionen erscheinen, sind die Versuche im weitesten Sinne „Veranstaltungen", Proben, Erprobungen oder Probationen. Die Analyse von Leben und Krieg ist bestrebt, die zugrundeliegenden Total- und Fundamentalsituationen zu erfassen; hingegen hat sie bei den Veranstaltungen und Versuchen mit *Aktualsituationen* zu tun. Einfache Vorgänge, wie sie sich im täglichen Leben überall zutragen, sollen nachgeahmt, wiederholt, in ihre einzelnen Glieder zerlegt und kausal gedeutet werden (83). Die Erfahrungsergebnisse werden in der Praxis auf die Gestaltung von Struktur und Organisation der Gemeinschaft angewandt, um eine Besserung der Lebenshaltung zu erzielen. Im inneren Aufbau und Zusammenhang wirken sie in der Form von Reformen, im Verhalten nach außen und zu anderen Völkern als Abkommen, Konventionen, Unionen, Verträge und Vergleiche (51). Mißlingen diese und versagen auch Vermittlungsverfahren oder Schiedsgerichtsbarkeit, dann pflegen die zwischenstaatlichen Streitfälle mit Waffengewalt ausgetragen zu werden, weil man im Kriege die ultima ratio sieht.

Im Sinne der wissenschaftlichen Laboratoriumsforschung ist der Krieg kein Experiment, sondern eine Explosion am Ende einer (scheinbaren) Ausweglosigkeit aus Schwierigkeiten, die durch planvolle, zielbewußte Unternehmungen entstanden sind, und zwar auch dann, wenn das Schlußergebnis als „Krieg" weder beabsichtigt, noch vorausgesehen wurde. Dagegen werden alle ihm vorausgegangenen Eingriffe in das Leben eines Volkes sowie alle sozialen und sozialpolitischen Vorkehrungen oder Reformen immer durch Ideen bestimmt, die auf ein vorschwebendes Ziel, einen Endeffekt gerichtet sind. In diesem Sinne sind es Experimente großen Stiles, auch wenn die immanente Absicht nicht klar zutage liegt oder nicht ausgesprochen wird, wie das oft genug aus äußeren Gründen (der Geheimhaltung) der Fall ist.

Solche Erscheinungen wirken soziologisch, sozialhygienisch und sozialpathologisch als „großes Experiment des Lebens" und liefern eine Fülle von Stoff, dessen Analyse und Synthese viel Umsicht, Fleiß und Mühe erfordert, dafür aber auch grundlegende Resultate gewährleistet. Sie können am Ereignis des Krieges selbst, seinen Zielen und Auswirkungen bzw. den nachfolgenden Reformversuchen kontrolliert werden, stellen somit eine experimentelle Verifikation dar, bei der jedoch neuen Fehlreaktionen nachgespürt werden muß, insbesondere der immer wieder aufgestellten These: „Wir werden nicht die gleichen Fehler begehen wie unsere Väter".

Im Gegensatz zu den Kabinettskriegen und ihren dynastischen Interessen zeichnen sich in den Volkskriegen die verfolgten Kriegsziele aus den Konflikten, die eine Gefährdung für die Lebensfähigkeit einer Gemeinschaft bedeuten, klar ab. Der Zweck des Krieges ist dann die Beugung oder Brechung des gegnerischen Willens bis zur Annahme der vom Kriegführenden erstrebten Bedingungen oder, in der Formulierung von OPPENHEIM-LAUTERPACHT, „for the purpose of overpowering each other and imposing such conditions of peace as the victor pleases (84). Die Kriegsziele und damit die Tendenzen eines Änderungswillens können sein:

1. territoriale zur Gebietserweiterung oder Rückgewinnung verlorener Landstriche;
2. nationale zur Sicherung bedrohter Grenzen, Vereinigung eines politisch zersplitterten Volkes in einem gemeinsamen Staat;
3. wirtschaftliche zum Erwerb von wertvollen Agrargebieten oder Rohstoffquellen sowie zur Erschließung aufnahmefähiger Absatzgebiete;
4. machtpolitische zur Schwächung oder Beseitigung lästiger Rivalen, besonders in der Form des Präventivkrieges;
5. ideologische zur Verbreitung von Prinzipien, wie in Kreuzzügen, Religionskriegen u. ä.

2. Ergebnisanalyse und Verifikation

Das Fazit in individualistischer und überindividualistischer (organischer) Auffassung (85) faßt TOYNBEE (86) zusammen: „In den frühen Stadien einer Kultur, solange sie sich noch im Wachstum befindet, scheint es so, als ob die Leiden und Zerstörungen des Krieges mehr als aufgewogen wurden durch den Gewinn von Besitz und Macht und die Pflege der »soldatischen Tugenden« ... Leider sind die vorherrschenden Charaktere im Kampf zwischen dem Pazifismus und dem Krieg nicht ein Heiliger und ein Krieger in der gleichen Rüstung der Rechtschaffenheit. Das sind vielmehr ein Krieger — tugend- oder lasterhaft —, der den Mut hat, sein Leben aufs Spiel zu setzen und der gewöhnliche Sterbliche, der vor Mühsal und Gefahr zurückschreckt". Die uns geläufige und noch fühlbare Erbschaft des letzten Krieges läßt sich in die Begriffe von Kriegsgefangenen, Spätheimkehrern und Flüchtlingen zusammenfassen. Das war früher so wie heute. Auch die Probleme, die sich daraus ergaben und nach einer Lösung drängten, haben sich nicht wesentlich verändert. Die gewaltsamen Versuche haben wie im Experiment neue Fragen aufgeworfen. Jedoch ist stärker als beim wissenschaftlichen Experiment ein Vergleich zwischen leitender Absicht und ausgehendem Erfolg nötig. Die *Ergebnisanalyse* ist in ausgesprochenem Maße eine Umkehrung des gesamten Prozesses, eine Deutung aus der Wirkung; doch ist auch dieses Verfahren dem Laboratoriumsexperiment nicht fremd, sondern bei der Kontrolle eigen. Dabei sichert sich die Verifikation in der Synthese nach der Breite und der Tiefe, indem sie eine genügende Zahl von Faktoren verwendet und die Total- oder Fundamentalsituation in ihrer Tragfähigkeit maximal belastet.

Als kennzeichnendes Beispiel sei die Entdeckung der Vitamine genannt, die zunächst als Kompletine, d. h. akzessorische Nährstoffe, bezeichnet wurden. „Die experimentelle Vitaminforschung begann 1888", sagt REINER MÜLLER, „als der holländische Militärarzt CHRISTIAN EIJKMAN auf Java Hühner nur mit kleiefreiem Reis und Wasser fütterte, und diese an »Polyneuritis gallinarum« erkrankten" (87). Aber lange vorher hatte ein junger, unbekannt gebliebener Assistenzarzt die Lehre von den Grundnahrungsstoffen Eiweiß. Kohlehydraten, Fetten, Wasser und Salzen an weißen Mäusen erprobt in der Annahme, sie müßten am besten gedeihen, wenn er sie mit einer reinen Idealnahrung fütterte. Aber sie verkümmerten, erholten sich jedoch rasch, als er die Milchreste seines Frühstücks hinzutropfte. So begann die Entdeckung der Kompletine.

Die Probe aufs Exempel braucht also nicht immer ein gestelltes, gewolltes, Experiment zu sein. In der sozialen Welt wird es aber ausgelöst durch eine gewollte, erstrebte, beabsichtigte *Veränderung* der natürlichen oder jeweils bestehenden Umwelt, um sie zu einer sozialen Umwelt mit bestimmten Merkmalen umzugestalten. Es entstehen dann geschlossene Sozial- und Kulturkörper, in denen auch Pflanzen, Tiere und Menschen eine andere Prägung erhalten; aus den Wildpflanzen entstehen Nutzgewächse, die Wildtiere werden zu Haustieren und die Naturvölker entwickeln sich zu Kulturvölkern. In solchen Räumen wirken gleiche oder ähnliche soziale Bedingungen trotz nicht völlig übereinstimmender klimatischer Voraussetzungen angleichend durch *Konvergenz- und Parallelerscheinungen*. Erst eine kausale Analyse zeigt, daß den homologen Ausdrucksformen gleichwohl soziale, wirtschaftliche, kulturelle, anthropologische und sozialpsychologische Unterschiede zugrundeliegen können. Je größer die Übereinstimmungen sind, desto mehr darf man von vornherein berechtigt sein, anzunehmen, daß auch gleiche oder ähnliche Ursachen vorliegen. Infolgedessen spielt sich das Leben in Kultur- und Sozialvölkern in großen Zügen gleichartig ab, obwohl kausale Unterschiede nicht zu verkennen sind.

Die sozialen Erscheinungen und ihre Äußerungen auf verschiedenen Gebieten sind in den geschlossenen Kultur- und Zivilisationsgebilden so eng miteinander verknüpft, daß schon leichte Veränderungen einer Stelle das ganze Gefüge in Bewegung bringen, so daß zwangsläufig Alterationen auf anderen Gebieten oder gleichzeitig in mehreren Bereichen auftreten. So entstehen aus gezielten und damit gewollten Einflüssen experimentelle Erfahrungen; aber sie bleiben nicht auf das Versuchsfeld begrenzt, und Besserungen auf einer Seite stehen Verschlechterungen auf der anderen allzuleicht entgegen.

3. Kulturkrankheiten

Die durch eine hygienische Gestaltung unserer Lebenshaltung erzielte Verlängerung des Lebens wurde mit der Ausbreitung von *Kulturkrankheiten* erkauft. Zu ihnen gehören vor allem die Herz- und Kreislaufstörungen, die Krebskrankheiten, Rheumatismus, Magenleiden, Erkrankungen der Gallenblase und Gallenwege, Stoffwechselstörungen, Neurosen und Psychosen. „Bei einem starken Rückgang der akuten Erkrankungen stehen im Vordergrund heute Verbrauchskrankheiten an den Kreislauforganen und an dem Bewegungsapparat“, sagt Reploh. „Das frühzeitige Auftreten dieser Schäden sowie die Häufung einiger anderer Krankheiten zeigt einen Zusammenhang mit Fehlern in der gesundheitlichen Lebensgestaltung und mit ungünstigen Einflüssen der heutigen Lebensführung, so daß die Bezeichnung als Zivilisationskrankheiten berechtigt ist. Durch das frühzeitige Auftreten dieser Schäden ist trotz der Erhöhung des Lebensalters keine Verlängerung der Erwerbsfähigkeit nachweisbar. — Vergleicht man die heutigen Ergebnisse über diese Erkrankungen mit älteren statistischen Unterlagen, so muß tatsächlich festgestellt werden, daß sich hier eine Umschichtung ergeben hat, welche auch nicht allein mit der Erhöhung des Durchschnittsalters zu erklären ist" (88).

Für diese und zahlreiche andere Krankheiten werden die tiefgehenden Veränderungen der sozialen und natürlichen Umwelt, die durch die Entwicklung der menschlichen Zivilisation und Kultur hervorgerufen wurden, verantwortlich gemacht. Es entwickelte sich daher ein eigener Zweig der medizinischen Wissenschaft, der die Schädigungen untersucht, die dem Menschen durch das Großstadtleben, durch die Übersteigerung der Technik, die ungeheure Beschleunigung des Tempos, durch eine unnatürliche Lebensweise und durch eine Ernährung mit denaturierten Lebensmitteln zugefügt werden. Noch schwerer als diese äußeren Faktoren wiegen die geistigen und seelischen, weil sie auch schwerer zu erfassen sind und doch als Sensationsgier und Reizhunger die Struktur des Menschen in neurologischer und psychischer Hinsicht verändern (89, 90).

Die moderne *Verhaltenspsychologie* geht von der Beobachtung aus, nach der jede Kultur notwendig gewisse Beschränkungen des menschlichen Zusammenlebens mit sich bringt, und zeigt, daß der moderne Mensch schweren Deformationen ausgesetzt ist. Die Ausbildung eines verläßlichen Selbstgefühls wird behindert, das natürliche Triebleben eingeengt und die Vorherrschaft der rationalen Intelligenz begünstigt. Die schmale Sphäre zwischen Individual- und Kollektivwelt bewegt sich zwischen Arbeit und Langeweile. In dem Studium der Geistesstörungen sieht HIPPOLYTE, der französische Philosoph, die Grundlage der Anthropologie. Die Probleme, die der moderne Mensch nicht lösen kann, zeigen sich ihm verzerrt, weil er seiner schwierigen Aufgabe nicht auswich, sondern alles riskierte, um ein eigentliches Leben zu führen. „Die Beobachtung der Anstalt und der Kranken ist ein Zerrspiegel der ganzen heutigen Gesellschaftsform, ihrer Organisation und ihrer Probleme". In der Anstalt sieht HIPPOLYTE nicht nur eine Zufluchtsstätte vor dem Alltagsleben, sondern mindestens in gewissen Fällen das Geständnis, der Mensch sei bei seinem Versuch, das Unechte am Alltagsleben zu überwinden, gescheitert, weil es schwer oder garnicht zu ertragen sei. „Je weiter die Technik in dieser Welt fortschreitet, desto mehr scheint sie von uns zu verlangen, daß wir das Wesentliche für das Unwesentliche aufgeben, desto mehr verlangt sie von uns restlose Hingabe, die kein echtes Leben einschließt, eine Art von Selbstverlust, der gleichzeitig eine Anstrengung ist". Diese Entfremdung („alienation") läßt sich nur überwinden, wenn wir eine andere Ausgangsposition zum Menschen, seiner Leistungsfähigkeit und organisatorischen Bindung beziehen (91a u. b).

4. Übervölkerung und Nahrungsmangel

Besonders tief greifen *Nahrungsmangel* und *Hungersnöte* in das geordnete Gefüge von sozialen und kulturellen Lebenskreisen ein. Bis in die Träume hinein verfolgte die Sorge um die Ernährung des Volkes den PHARAO von Ägypten und ließ ihn Vorratsspeicher für Zeiten der Not anlegen (92). Wie man im Altertum Kornkammern und Hungergebiete unterschied, so kennen wir auch in der Gegenwart noch Überschußländer mit Ausfuhr und Mangelbereiche mit Notwendigkeit zur Einfuhr von Lebensmitteln. Die quantitativen Unterschiede werden weiterhin durch qualitative Differenzen verschärft, insbesondere durch eine Verringerung von hochwertiger, proteinhaltiger Nahrung, so daß man nach dem Gestehungspreis von „reichen" und „armen" Völkern spricht. Im vorigen Jahrhundert wurden mehrmals von schweren Hungersnöten Indien, Persien, Türkisch-Armenien und China heimgesucht.

In der Gegenwart waren vor allem die *übervölkerten Länder* Asiens bedroht. Die Hälfte der Menschheit auf der Erde mußte im Jahre 1939 mit weniger als 2250 Tageskalorien auskommen, wobei ein Kopfbetrag von mehr als 2750 Kalorien eine gute Ernährung bezeichnete. Zu den dürftig versorgten Ländern gehörten: Mexiko, Honduras, Costarica, Haiti, Columbien, Peru; Algerien, Ägypten; Irak, Persien, Afghanistan; Indien, Pakistan, Siam, Indochina, Korea, Java und die Philippinen. Bis 1948/49 verschärfte sich die Lage. Mit weniger als 2000 Tageskalorien mußten 390 Millionen Menschen in Indien, auf den Philippinen, auf Ceylon, in Peru und Burma auskommen; 2000 bis 2200 Kal. durften 719 Millionen Menschen in Pakistan, Honduras, Indochina, auf Java, in Japan, China und Jugoslawien verbrauchen. Quantitativ und qualitativ sank die Ernährung von Nordamerika über Nordwest- und Mitteleuropa bis zum Fernen Osten scharf ab (93). Angesichts solcher Erscheinungen stellt Hellpach besorgt die Frage, ob die Arbeit noch einen Wert besitze und die Mächte von Technik und Wirtschaft überhaupt Kulturgüter oder nicht bloße Zivilisationsgüter seien. „Ja, haben die immer rasenderen Beschleunigungen des Menschen-, Güter- und Nachrichtentransports auch nur die geregelte Ernährung aller Völker und Schichten sicherzustellen vermocht?" (94) Zum ersten Male seit 50 Jahren besiegte Indien im Jahre 1953 den Hunger und konnte Vorratslager an Reis anlegen.

Für die Beurteilung *sozialhygienischer Erprobungen* ist es nicht bedeutungsvoll festzustellen, ob ein Mensch ohne Wasser wenige Tage, ohne Nahrung einige Wochen oder bloß 14 Tage, ohne Luft aber nur einige Minuten leben kann, sondern welche Frühwirkungen und Spätfolgen auftreten und welchen Einfluß sie auf die Leistungsfähigkeit und die Ausdauer ausüben. In den Jahren 1951 bis 1953 haben Fakire und Hungerkünstler Konkurrenzen ausgetragen und es dabei auf Rekorde im Hungern bis zu 61, 66 und 78 Tagen gebracht. Dafür wurden diese Sensationen andererseits von stärker beachteten Wettbewerben und „Preiskompositionen" für Gourmets abgelöst, obwohl auch bei uns Fehl- und Mangelernährung bei weitem nicht beseitigt sind.

Der mit dem Kriegsbeginn im Jahre 1939 einsetzenden Nahrungsverminderung folgte allmählich auch eine qualitative Verschlechterung. Sie erreichte im Jahre 1947 ihren tiefsten Stand. Nach den Grundsätzen des Völkerbundes vom Jahre 1936 legte man allgemein bei der Beurteilung von *Ernährungskalorien* einen Tagesbetrag von 2400 zugrunde mit einem Gehalt von 45 g Fett und 70 g Eiweiß, davon 30 g hochwertiger tierischer Bestandteile. In der Nachkriegszeit glaubten die Besatzungsmächte, die deutsche Bevölkerung würde sich bei dieser Meßzahl aus eigener Produktion erhalten können. Aber es wurde im Jahre 1945 nur ein Höchstsatz von 1550 Kalorien erreicht, der in der 102. Zuteilungsperiode des Jahres 1947 bis auf 1137 Tageskalorien absank. Bis zur Währungsumstellung am 20. Juni 1948 machte in einem Zeitraum von neun Jahren das deutsche Volk ein Ernährungsexperiment größten Ausmaßes durch.

Um die Auswirkungen dieser Mangelernährung auf die *Leistungsfähigkeit* der deutschen Bevölkerung festzustellen, wurden von einem besonderen Nutrition Survey Team (Ernährungs-Untersuchungsausschuß) regelmäßige Kontrolluntersuchungen während eines fast zweijährigen Zeitraumes an genau bezeichneten Bevölkerungs- und Verbrauchergruppen durchgeführt. An diesen Erhebungen beteiligten sich die deutschen Gesundheitsämter, Krankenhäuser und Kliniken, Werks- und Betriebsärzte sowie Ärzteorganisationen. Es war Vorsorge getroffen, daß immer nur die gleichen Personen der ausgewählten Verbrauchergruppen monatlich überprüft wurden. Die Untersuchungen erstreckten sich auf eine Gewichtskontrolle sowie auf klinische und biochemische Ergänzungsuntersuchungen, insbesondere die Zusammensetzung des Blutes, seinen Gehalt an Vitaminen und die Werte an Plasmaprotein und -albumin.

In der britischen Besatzungszone mit Einschluß von Westberlin wurden auf diese Weise fortlaufend rund 100000 Personen untersucht, und zwar Kleinkinder, Schulkinder, Kinder aus Waisenhäusern, Kinder und Jugendliche aus höheren Schulen, Studenten, Arbeiter aus den verschiedensten Betrieben, Bergarbeiter, Hausfrauen, Insassen von Alters- und Siechenheimen sowie Strafgefangene.

Im Mittel betrug das Defizit an Eiweiß etwa 50%, an Fett etwa 60 bis 70%. Das weibliche Geschlecht überstand die Mangelernährung wesentlich besser als das männliche, so daß die Untergewichtigkeit bei Frauen und Mädchen im allgemeinen halb so groß war wie bei gleichaltrigen Männern oder Knaben. Auch ältere Leute über 65 und 70 Jahre vertrugen die Unterernährung auffallend gut. Am stärksten belastet wurden die Jahrgänge vom 18. bis 30. Lebensjahr. Bei ihnen waren die Auswirkungen umso nachhaltiger, je größer die Arbeitsanforderungen waren.

Während die Kinder des Spiel- und Schulalters bis zum 10. Lebensjahr im allgemeinen physiologische Längen- und Gewichtsmaße aufwiesen, war bei den älteren Kindern und den Jugendlichen das Untergewicht fast stets mit Wachstums- und Entwicklungsstörungen verbunden. Die männlichen Jugendlichen waren stärker betroffen als die weiblichen. In der Westzone Berlins hatten nur die Schulkinder von 7 bis 10 Jahren ein normales Größen- und Gewichtsverhältnis. Im Spielalter wurden recht unterschiedliche Ergebnisse festgestellt. Bei den Jugendlichen betrug das Untergewicht bis zu 10 kg (95).

Aus Beobachtungsreihen an Berg- und Schwerarbeitern war zu entnehmen, daß die körperliche und geistige Leistungsfähigkeit deutlich und meßbar herabgesetzt wurde, wenn der Eiweißgehalt der Nahrung um mehr als 15 g verringert wurde und die Tagesmenge einen Betrag von 50 bis 60 g Eiweiß unterschritt (95, 96, 97). Als weitere Folgen der Mangelernährung zeigten sich Hungerödeme wegen des Mangels an hochwertigem Eiweiß, eine lipophile Dystrophie, als Späterscheinung von Fehlernährung eine Fettdystopie und eine dystrophische Hypovitaminose, die nach den Krankheitsbildern mit der Mesotrophie (Kollath) gleichzusetzen ist (98, 99, 100). Bei der Obduktion von 74 Todesfällen infolge von Ernährungsschäden konnte festgestellt werden, daß kein Organ verschont blieb. Es ist daher verständlich, daß bei den klinischen Untersuchungen fast jede Art von Funktionsstörung festgestellt werden konnte. Dabei war besonders bemerkenswert, daß sich trotz der Eiweißverarmung des Körpers und des minimalen Angebots an Eiweißnahrung der quantitative Wert und die qualitative Zusammensetzung des Bluteiweißes nicht änderte, solange Leber und Knochenmark funktionstüchtig blieben. Auch der Färbeindex des Blutes und sein Vitamingehalt schwankten nur in physiologischen und jahreszeitlichen Grenzen (95).

Die Bedeutung des großen Ernährungsexperiments liegt nicht so sehr in der erheblichen Abnahme des Körpergewichts und einer Verringerung der Leistungsfähigkeit weitester Kreise der Bevölkerung auf 60% des Friedensstandes, da sich diese Erscheinungen rasch wieder ausglichen, als vielmehr in der Umstimmung des Endokriniums und des mit ihm eng verknüpften Vegetativums. Schon nach dem ersten Weltkriege beobachtete man bei Kindern und Jugendlichen eine *Wachstumsakzeleration*, die mit einer Bindegewebsschwäche und ptotischen Magenerweiterung einherging. In weiteren Nachprüfungen ließ sich erweisen, daß die Zunahme des Wachstums sich auf einen Zeitraum von mehr als 50 Jahren zurückverfolgen ließ. Die relative Verzögerung durch die Unterernährung während der beiden Weltkriege 1914 bis 1918 und 1939 bis 1945 setzte sich nach ihrer Beendigung wieder fort. Die Wachstumsbeschleunigung wurde in den Jahren 1946 bis 1948 um 8 bis 16 Monate verfrüht beobachtet und war bei den Mädchen größer als bei den Knaben; die begleitende Untergewichtigkeit war jedoch bei den Knaben größer als bei den Mädchen. Sie war bedenklich, weil Breitenwachstum und Körpergewicht nicht mit dem Längenwachstum und der Leistungsentwicklung Schritt hielten. Die nach Qualität, Vitamingehalt und Menge der Mineralstoffe veränderte Nahrung wirkte auf die Körperhormone, insbesondere die Wachstumsinkrete; der Einfluß wurde außerdem durch das soziale Milieu verstärkt. Auch bei den Erwachsenen hielt die hormonal-vegetative Umstimmung lange an. In ihrem Gefolge erschienen neurasthenische Zustände und eine Bereitschaft zu seelischen Konflikten, die durch ein ungünstiges Milieu verstärkt wurden und zu dem situationsgefärbten Bild von Psychomen (im Sinne HELLPACHS) führten (101, 102, 103, 104, 105).

Während nunmehr die quantitative Zulänglichkeit und die qualitative Nutzbarkeit der Lebensmittel virtuell wieder erreicht ist, kann das dritte Merkmal einer sozialhygienisch zuträglichen Nahrung, nämlich ihre *Preiswürdigkeit* im Vergleich zur Kaufkraft der Löhne und Gehälter noch nicht als erfüllt angesehen werden, namentlich unter Berücksichtigung der Wirtschaftslage anderer europäischer und außereuropäischer Länder (106, 107, 108). Die Ernährungsgewohnheiten und Käuferneigungen werden durch den Wert der Arbeitsstunde sowie durch Art und Zustand der Lebens- und Genußmittel gelenkt, aber auch durch die klimatischen Bedingungen bestimmt. Durch den Produktionsgang, die chemische Aufschließung und die Veränderung durch Zusätze werden weitere Probleme aufgeworfen. Bei Massenvergiftungen infolge von unzureichender Entfernung von natürlichen Beimengungen an Secale cornutum, Colchicum autumnale, Agrostemma Githago und ähnlichen Pflanzensamen können größere oder kleinere Versorgungsgebiete beeinträchtigt werden. Auf solche Erscheinungen reagiert die Käuferpsychologie nicht minder als auf Angebot und Reklame (109, 110, 111, 112, 113, 114, 115, 116, 117). Der persönliche und allgemeine Bedarf an Nahrungsstoffen wird zudem durch das Klima des Wohnbereiches verändert. In Europa nimmt der Verbrauch von Fleisch, Fisch und Fett von Nordwesten nach Südosten ab, der Genuß von Cerealien und insbesondere Getreide dagegen zu (118).

Die Erfahrungen der Kriegs- und Nachkriegszeit haben gelehrt, daß ein Mangel an Nahrung wie auch eine Üppigkeit in der Ernährung soziologisch und experimentell zu Störungen im Körperhaushalt führt. Dabei ist eine *Enthaltsamkeit* günstiger als eine Übersteigerung (119). Durch die unfreiwilligen Einschränkungen wurden Kreislaufstörungen, Hypertonie, Apoplexieneigung und Stoffwechselerkrankungen, wie Diabetes und Diathesis urica, günstig beeinflußt. Nach den Erfahrungen US-amerikanischer Lebensversicherungsgesellschaften war die Sterblichkeit bei übergewichtigen Menschen erheblich größer als bei normalgewichtigen; ein Übergewicht von 20 engl. Pfund bedeutete bereits einen Anstieg der Sterblichkeit um 18% (120, 121). Die Neigung zur Bequemlichkeit bei Fettleibigen ist bekannt.

Auch die Geschichte der Völker bietet reichlich Beispiele für die erschlaffende Wirkung des Wohllebens, über das HORAZ bei den Römern beweglich klagt. Ganz schlicht faßt MATTHIAS CLAUDIUS die Erfahrungen in die Verse:

„Die Römer, die vor vielen hundert Jahren
das erste Volk der Erde waren ...
die fingen endlich an und aßen Ochsenbraten,
frisierten sich und tranken fleißig Wein. —
Da war's geschehn um ihre Heldentaten,
um ihrer Dichter edlen Reih'n,
um ihre Redner, ihre Schreiber;
da wurden's große, dicke Leiber."

5. Arbeit und Beruf

Gleichzeitig mit der Ernährungssicherung verlief der Aufbau der durch den Krieg zerstörten Arbeits- und Produktionsstätten. Sie waren die Voraussetzung für eine angemessene Lebenshaltung, Entlohnung, soziale Sicherheit und Leistungsfreude (122). Die Erfolgskontrolle ist nicht allein am Produktionsindex und am Sozialprodukt abzulesen, sondern auch und besonders differenziert an der psychischen Bewertung der Tätigkeit und der *Einstellung zur Berufsarbeit.* Im Jahre 1949 war sie für alle Leistungsalter zwischen 16 und über 60 Jahren ziemlich gleichmäßig mit einem Betrage zwischen 18 und 21% negativ. Am wenigsten schwer wurde sie von 90% der Berufstätigen im Alter von 25 bis 30 Jahren, am drückendsten jedoch von Arbeitern (bei 22%) und Landarbeitern (bei 33%) empfunden. Die günstigste Einstellung zeigten Angestellte (zu 87%), freie Berufe (zu 89%) und Beamte (zu 90%). In den fünf Jahren von 1949 bis 1953 nahm die positive Einstellung zur Berufsarbeit fortgesetzt ab, die negative jedoch zu. Als Last oder notwendiges Übel bezeichneten sie 54% aller Befragten, und zwar 18% als Last oder Übel und 36% als unvermeidliches Mittel zum Gelderwerb; nur der kleinere Anteil von 46% sah in ihr seine Befriedigung oder Erfüllung (123).

Eine solche psychische Ablehnung kann nicht ohne Rückwirkungen in psychosomatischer Beziehung bleiben. Die *Unfälle* nehmen zu, weil man unlustig ist, leichter ermüdet und seinen eigenen Gedanken nachhängt. Die verminderte Aufmerksamkeit wird bei den Betriebsunfällen ebenso beobachtet, wie bei den Straßenverkehrsunfällen und den häuslichen Unfällen, die in den letzten Jahren eine immer größere Bedeutung erlangen. In der gewerblichen und industriellen Fabrikation werden neue synthetische Werkstoffe in zunehmender Zahl verwendet. Ihre Wirkung auf Arbeiter und Umgebung läßt sich nicht leicht abschätzen und verlangt bei der Überwachung besondere Fachkenntnisse. Diese Erfahrungen fanden ihren sichtbaren Ausdruck in der Erweiterung der gesetzlichen Schutzmaßnahmen gegen gewerbliche Berufskrankheiten. Der Anwohnerschutz gegen Beeinträchtigung durch Abwässer, Rauch, Staub, Gerüche, Lärm und Blendung durch grelles Licht erwies in der Kriegs- und Nachkriegszeit seine Notwendigkeit, als größere Anwohnerbezirke durch Gas- und Giftschwaden beeinträchtigt oder gefährdet wurden.

Das gesteigerte oder *übersteigerte Arbeitstempo* schuf im Zusammenspiel mit unbefriedigenden peristatischen Bedingungen und Lebensverhältnissen bei bestimmten Bevölkerungskreisen charakteristische neurotische Erscheinungen, die noch keine Tendenz zur Verringerung zeigen, so daß erfahrene Beobachter geradezu von einer „Volksseuche Neurose" sprechen. Zu ihr und ihren Folgen gehört auch die sog. Managerkrankheit, d. h. das Krankheitssyndrom der Verantwortlichen, bei dem Störungen an Herz und Kreislauf das Bild beherrschen (88, 121, 124, 125). Auch sie geht wie die Volksneurose im letzten Grunde auf das Gefühl einer *sozialen Unsicherheit* zurück und im besonderen auf die Angst um die Position und den bestimmenden Einfluß, die immer von neuem zu pausenlosen, alle Kräfte beanspruchenden Höchstleistungen aufruft. Bei älteren Menschen, die an der Grenze ihrer Schaffenszeit stehen, äußert sich das Bewußtsein des Ungenügens und der Sorge, bald nicht mehr gefragt und überflüssig zu sein, ganz unverhohlen als Lebensangst.

Dazu fehlt der bei den sportliebenden Völkern des Altertums und der neuesten Gegenwart gepflegte *Ausgleich* gegen die rein geistige und sitzende Tätigkeit. Unsere heutige Jugend wendet sich ihr zwar aus rein praktischen Erwägungen weniger gern zu, weil sie geringer bewertet und entlohnt wird, als eine Arbeit in Wirtschaft und Industrie. Aber auch sie pflegt den *Sport* nicht als „Vorschule des Lebens", wie es die angelsächsischen und slawischen Völker tun; denn während bei diesen 80 bis 90% der Jugendlichen bewußt durch diese Vorschule gehen, sind es bei uns nur 5% unserer Studierenden (126). Unsere gegenwärtige Sportbegeisterung hat sich in eine Schaulust verwandelt; sie ist zum Tribünen- und Toto-Wettsport geworden.

6. Lebenserwartung und Aufbrauchserscheinungen

Alle diese Erscheinungen gestalten das Gesellschafts- und Gemeinschaftsleben, wobei biologische und klimatische Unterschiede nicht zu verkennen sind. Die bemerkenswerteste Veränderung in den Kulturvölkern Europas und der ganzen Erde ist die Verdoppelung der *Lebenserwartung* im Verlaufe der letzten 80 bis 100 Jahre (2, 122). Gleichzeitig nahm die Geburtenhäufigkeit und damit auch der Geburtenüberschuß ab. In Kartogrammen sind dafür zwei Depressionszentren auf der Erde festzustellen, nämlich in Europa und in China. Nahezu konzentrisch um diese Gebiete steigt in ringförmigen Zonen der Geburtenüberschuß an, indem die hohe Mortalität durch eine überhöhte Geburtenziffer nicht nur ausgeglichen, sondern sogar weit übertroffen wird. Diese Gesetzmäßigkeit, nach der auch in wenig aufgeschlossenen Völkern eine hohe Sterblichkeit der Erwachsenen und Säuglinge durch eine sehr große Geburtenzahl wettgemacht wird, legt den Gedanken nahe, ob nicht die Summe der Lebensdauer eines Geschlechts trotz dieser regionären Verschiedenheiten konstant bleibt. Darüber liegen jedoch noch keine geeigneten Untersuchungen vor. Eine Parallele kann man jedoch in den bei uns in großen Zügen vorliegenden Beobachtungen finden, wonach der Erbbesitz von Familien etwa 100 Jahre lang erhalten bleibt und sich dann zu verändern pflegt.

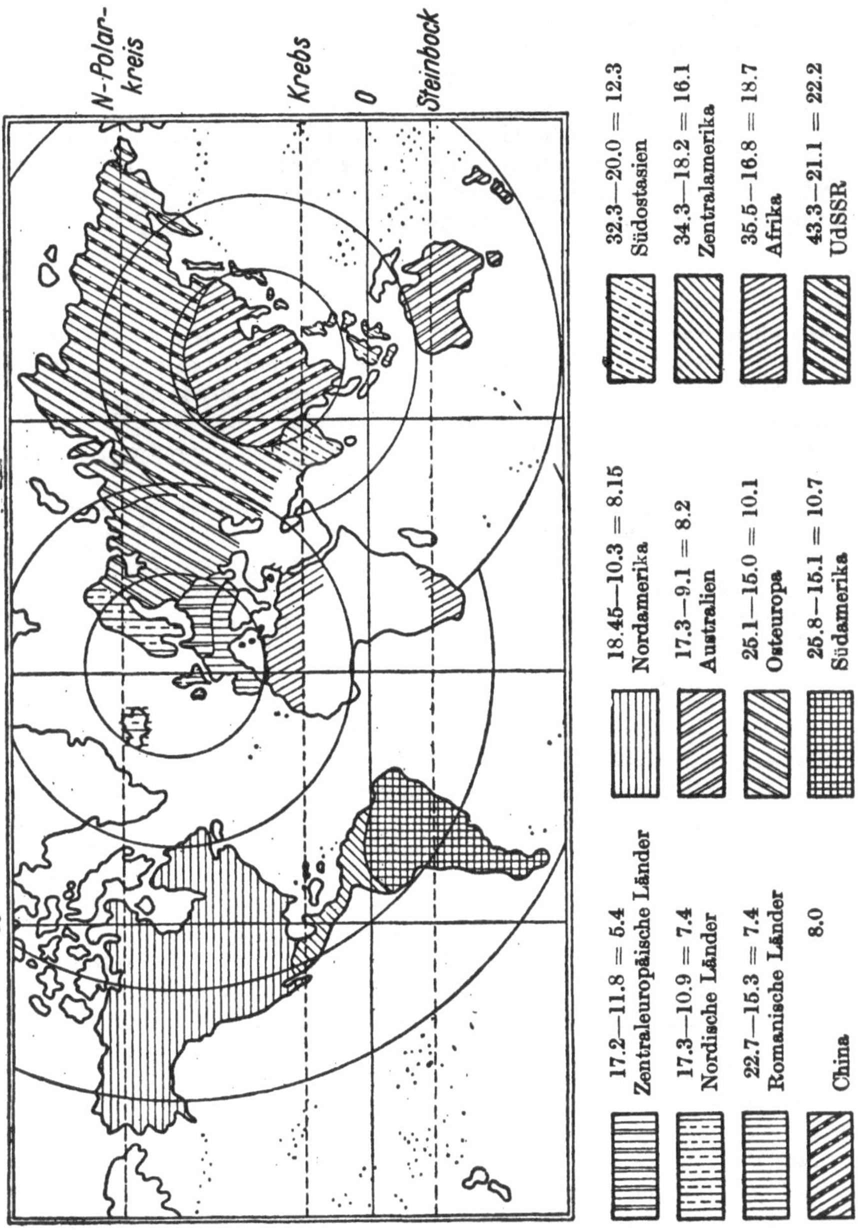

Abb. 2. **Geburten, Sterbefälle und Geburtenüberschuß auf 1000 Einwohner.** 1935—1937

Die Veränderung der Lebenserwartung wird von einer zweiten, gleichsinnig verlaufenden Erscheinung begleitet, nämlich einer kontinuierlichen Verringerung der *akuten Krankheiten*, insbesondere der Infektionskrankheiten und einer reziproken Zunahme der chronisch verlaufenden Störungen, insonderheit der *Aufbrauchserscheinungen*. Auch dafür sind konstitutionelle und peristatische Faktoren vorhanden und festgestellt, wenn auch noch manche Zweifelsfragen ungeklärt sind. Dies gilt auch für die uns im allgemeinen so gut bekannte Tuberkulose. Auch bei ihr ist die Vielfalt der ätiologischen Momente in der Nachkriegszeit um manche Erfahrung bereichert worden, nicht zuletzt durch den Einfluß psychischer Alterationen, ohne daß man berechtigt wäre, von psychosomatischen Beziehungen zu sprechen.

7. Biometrie und Bewährungsprobe

Bei allen diesen Veränderungen ist ein Vergleich mit den Beobachtungen und Entwicklungstendenzen in anderen Ländern unentbehrlich, weil erst aus den homologen und heterologen Anlässen eine *vergleichende Erforschung* in ursächlicher und begünstigender oder abschwächender Beziehung möglich ist. Die gefundenen Werte müssen nach ihren zeitlichen, regionären und artlichen Differenzen bereinigt wie auch auf einen einheitlichen gleichen Ausgangswert, Begriff und Nenner reduziert werden, ehe sie miteinander verglichen und gegeneinander ausgewertet werden dürfen. Durch Kontakt mit benachbarten Völkern und durch Handels- und Wirtschaftsberührung mit weiter entfernt liegenden Ländern verbreiten sich Ideen, Einrichtungen und Erfindungen mitunter so rasch, daß es nicht leicht wird, daß Ursprungsland nachzuweisen, zumal die Adoptionen fremder Schöpfungen durch den Assimilierungsprozeß verändert oder weitgehend umgestaltet zu werden pflegen. In der praktischen Auswirkung entstehen auch bei heterologen Kulturkreisen konvergente Angleichungen bis zum Ausgleich von entwicklungsgeschichtlichen, historisch bedingten Gegensätzlichkeiten. In solchen Vorgängen pflegt die autochthone Tradition durch das Adoptionsgut überlagert zu werden, so daß in der Regel mit Recht gesagt werden muß: Der Sieger nimmt die Sitten der Besiegten an. Diese Erfahrung bezieht sich nicht allein auf kriegerische Auseinandersetzungen, sondern in mindestens gleichem Maße auf den friedlichen Wettbewerb (47, 78, 127).

Die Kritik der Ergebnisse hat somit zuerst von einer Prüfung der Prämissen auszugehen. Ob das verwendete und zur Verfügung stehende Material aus eigenen und fremden Untersuchungen miteinander vergleichbar ist und damit zueinander in Beziehung gebracht werden darf, läßt sich rasch und überschlägig feststellen, wenn man die Beobachtungs- und Ereignisreihen in binomialen Reihen nach GALTON, GAUSS oder QUETELET anordnet. Je exakter sie die Parabelform der sog. Variationskurve bilden, desto wahrscheinlicher liegen homogene, gleichartige Werte vor (128). Die dabei nach RONALD FISHER anzuwendende induktive Methode der *Biometrie* hat die Aufgabe, „zu einer stichhaltigen Abschätzung des Variationsfehlers zu gelangen, in welcher jede denkbare Einwirkung miteingeschlossen sein muß“; sie lehrt ihn so zu reduzieren, daß seine Abschätzung nicht verfälscht wird. Mit ihrer Hilfe ist es möglich, „vom induktiven Gesichtspunkt aus Experimente zu planen und zu analysieren“, so daß man sie nach KENNETH MATHER als eine „Mathematik des

Experimentes" bezeichnen kann (128). Für kurze Beobachtungsreihen wird man sich mit einem Teilausschnitt der Kurve begnügen können, so daß eine gerade Linie für die Stetigkeit einer Entwicklung spricht. Je nach dem Prozeß kann sie horizontal, auf- oder absteigend verlaufen.

Wird jedoch ein inhomogenes, ungleichnamiges Material verwandt, dann entstehen unregelmäßige oder mehrgipfelige Kurven ohne glatte Kontur, sog. Livi-Kurven. Sie geben dann den Anlaß zu einer besonders sorgfältigen Überprüfung der Feststellungen verschiedener Beobachter, namentlich in anderen Ländern mit abweichenden Vorbedingungen, und zwar hinsichtlich der peristatischen Konformität und der psychosomatischen Identität, indem man die unbelebte Umgebung und die belebte Umwelt in den Einfluß auf die Untersuchungsergebnisse einbezieht.

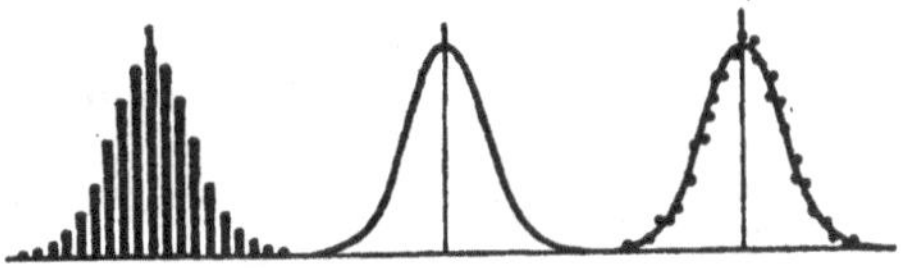

Abb. 3
Entstehung der Binomialkurve aus statistischen Reihen

Die Kontrolle des Erfolges oder Mißerfolges einer Maßnahme gründet sich vor allem auf eine *Bewährungsprobe* bei ungewöhnlichen Belastungen, wie man auch ein Individuum dann als gesund bezeichnet, wenn es den wechselnden Anforderungen vom Maximum bis zum Minimum seines Lebenskreises gewachsen ist. Solche Belastungen einer Gemeinschaft sind z. B. Hungerjahre, Kriege, Wirtschaftsdepressionen, Währungsveränderungen, Inflationen, Bevölkerungsverschiebungen, Umsiedlungen und Flüchtlingsbewegungen. Sie beanspruchen das soziale Gefüge einseitig oder übermäßig und setzen eine ausreichende, paralysierende Anpassungsfähigkeit des Gesellschaftskörpers voraus. Mit solchen Vorgängen beschäftigen sich die Sozialpathologie und die Sozialphysiologie. Die Reaktionslage nach relativ kurzer Frist stellt die wissenschaftliche Erforschung der öffentlichen Meinung fest. Dabei muß man sich jedoch der subjektiven Einstellung der befragten Bevölkerungsanteile bewußt bleiben, weil sie sich nur bis zu einem gewissen Grade vom herrschenden Zeitgeist zu lösen vermögen. Eine objektive Beurteilung ist nur mit der historischen Methode zu erreichen. Sie setzt lange Zeiträume voraus und muß sich der Methodik bedienen, die in der Geschichtsforschung im allgemeinen und in der Medizingeschichte im besonderen üblich und bewährt ist. Für die Sozialhygiene bietet sich noch ein weites neues Forschungsgebiet. Die bisher gewählten Teilgebiete haben bereits wertvolle Aufschlüsse erbracht.

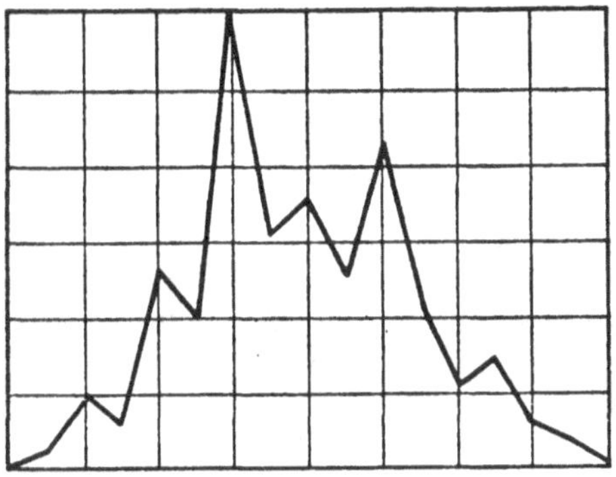

Abb. 4
Livikurve bei Material gleicher Gattung, aber verschiedener Art

Die für das große Experiment des Lebens aufgeführten Ereignisse können nur bemerkenswerte Beispiele sein, um Ähnlichkeiten und Unterschiede im Vergleich zum Laboratoriumsexperiment darzulegen. Sie können auch keinen

Anspruch auf eine Vollständigkeit der denkbaren Möglichkeiten erheben. Jede einzelne der aufgeworfenen Fragen stellt ein Problem für sich dar und läßt wiederum neue Fragen und Aufgaben erstehen, genauso wie bei jedem Laboratoriumsexperiment. Zu einer eingehenden, subtilen Analyse umschriebener oder konkreter Erscheinungsformen oder zur Lösung bestimmter Einzelfragen bedarf es des Gruppenexperiments.

VI. Das Gruppen-Experiment

1. Lebenshaltung und Lebenswahrscheinlichkeit

Das Gesamtergebnis der Feststellungen aus einem großen oder in sich geschlossenen biologischen, landschaftlichen oder kulturellen Wohngebiet stellt einen Querschnitt aus verschiedenen Teilergebnissen dar, deren äußerste Abweichungen wenig oder besonders nach Krisenzeiten sehr weit oberhalb oder unterhalb des Mittelwertes liegen können. Die Differenzen verhalten sich

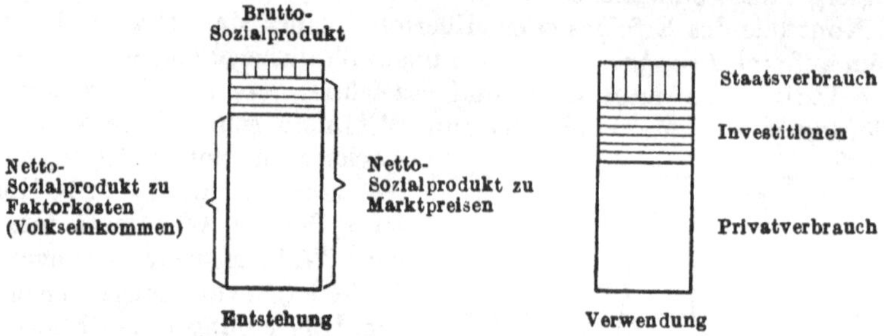

Sozialprodukt für das Kalenderjahr 1953

I. Entstehung:			
Netto-Sozialprodukt zu Faktorkosten (Volkseinkommen)		103,0	Mrd. DM
Netto-Sozialprodukt zu Marktpreisen		123,4	„
Brutto-Sozialprodukt		123,7	„
II. Verbrauch:			
in privaten Haushalten	56,3 % =	75,3	„
Staatsverbrauch	16,8 % =	22,5	„
Investitionen bzw. Außenbeitrag an andere Volkswirtschaften	26,9 % =	35,9	„
	100,0 % =	133,7	Mrd. DM

(Nach: Emnid-Informationen VI/18, 9 (1954) der Emnid K.G., K. von Stackelberg, Bielefeld)

Abb. 5. Volkseinkommen und Sozialprodukt (Westdeutschland 1953)

ähnlich oder etwa so, wie das Verhältnis vom Sozialprodukt einer Volkswirtschaft zum Familienhaushalt bestimmter Sozialgruppen oder von allgemeiner, statistischer Lebenserwartung zur Lebensdauer von Berufskreisen und Individuen oder von durchschnittlicher Letalität bei einzelnen Krankheiten zur individuellen Prognose.

Das *Brutto-Sozialprodukt* wird aus den Wertschöpfungen aller Wirtschaftsbereiche erstellt und umfaßt Löhne, Gehälter, Zinsen, Gewinne und Nettoeinkünfte aus dem Ausland sowie indirekte Steuern, Gebühren und Subventionen, aber auch die normalen und verbrauchsbedingten Abschreibungen. Es wird in absoluten Zahlen dargestellt; häufig jedoch wird das Volkseinkommen auf den Kopf der Bevölkerung berechnet, weil dabei auch die Bevölkerungsentwicklung früherer Jahre veranschlagt werden kann. Bei der Verwendung des Sozialproduktes ist der Verbrauch von Staatsleistungen vom Anteil des privaten Verbrauchs zu unterscheiden. Bei diesem ist es besonders aufschlußreich, wieviel für Nahrungs- und Genußmittel, Bekleidung, Möbel und Hausrat sowie Wohnungsnutzung benötigt wurden. Zum Unterschiede hiervon wird die Lebenshaltung und der Etat des einzelnen Familienhaushalts von der sozialen Lage und dem durch sie bedingten Einkommen bestimmt. Darin variieren die Ausgaben für die Lebensbedürfnisse in weiten Grenzen. So können wir nach dem ENGELschen Gesetz (129) nachweisen, daß „Familien mit hohem Einkommen einen geringeren Anteil für ihre Ernährung brauchen als die ärmeren" (117).

Die *Lebenswahrscheinlichkeit* eines Menschen und die mittlere Lebenserwartung eines lebendgeborenen Kindes wird aus der allgemeinen Absterbeordnung nach den „Sterbetafeln" berechnet, die sich aus den Volkszählungen ergeben. Sie lassen erkennen, wieviel Personen jedes Lebensalters im nächstfolgenden Lebensjahre starben und geben damit Hinweise auf die Überlebenswahrscheinlichkeit (2, 130, 131, 132, 133). Die Prognose für die Lebensdauer des Einzelnen oder von Angehörigen bestimmter Berufsgruppen weicht jedoch unter dem Einfluß von exogenen und endogenen Momenten, von Konstitution, Letalfaktoren, Abwehrfähigkeit, Größe und Wucht des Eingriffs sowie Massigkeit und Virulenz eines Infektes nicht unerheblich ab (89, 134, 135, 136).

2. Methodik der Gruppenversuche

Auf die *Abgrenzung von Gruppen* und ihre Untersuchung nach spezifischen Kennzeichen und Konstellationen kann daher nicht verzichtet werden. Die dabei gewonnenen Erkenntnisse bilden nicht allein das Fundament für ein zusammenfassendes Gesamtergebnis über den biologisch-sozialen Bereich, sondern sind auch experimentellen Variationen zugänglich, indem man die Zahl der wirksamen Faktoren begrenzt und ihre Valenz oder Richtung verändert; dies läßt sich in einem kleinen ausgewählten Kreis durchführen, nicht aber in einem weiten Territorium, in dem die Übersicht über die Vielzahl der Einflüsse und die Unsicherheit des Effekts verlorengeht. Wir stellen immer wieder fest, daß das Resultat eines Gesamtquerschnittes durch ein Volk oder eine Kulturgemeinschaft nicht immer oder sogar nur selten mit Teilquerschnitten durch einzelne Gebiete, Bevölkerungskreise oder Gruppen übereinstimmt. Daher sind eben Sonderuntersuchungen notwendig.

Die dabei auszuwählenden Gruppen werden entsprechend der Frage- oder Problemstellung nach kennzeichnenden Merkmalen unterschieden, z. B. nach Geschlecht, Alter, sozialer Zugehörigkeit, Beruf, Familienstand (ledig, verheiratet, verwitwet, geschieden), Familiengröße, Einkommensschichtung, Ein- und Mehrverdienern in der Familie, Krankheitsgruppen oder Erkrankungsanfälligkeit (Tuberkulose, Diabetes, Gicht, Kreislaufstörungen, Asthma, Familiendisposition). Aber auch die Bedürfnisse, die den Anlaß zu Gemeinschaften und Zusammenschlüssen geben, sind abzuwägen und zu verwerten. Solche Beweggründe können sein: Erziehung, Wohlgefühl, Not, Hilfsbedürfnis, Ratlosigkeit, insbesondere aber Streben nach Sicherheit der Existenz, Ordnung, Gerechtigkeit, Bequemlichkeit und Vorteil nach Austausch von materiellen und geistigen Gütern sowie die anlagemäßige Übereinstimmung von Menschen nach Herkunft, Abstammung, Rasse oder Sprache (42). In ihrer Wurzel sind sie auf das persönliche Erleben und Erkennen zurückzuführen, stellen somit einen individual-immanenten Prozeß dar, der mit dem Nachbarn einen Kontakt sucht und sozialpsychologisch begründet ist. Seine Bedeutung ist in der Wechselseitigkeit gegeben. Dabei wird auch das „Individualverhalten" aus dem „Artverhalten" herausgeschält; die „Plastizität des Äußeren" wird zu einer Erscheinung des Innern (137).

Insofern beschäftigt sich die *Sozialpsychologie* mit den zwischenmenschlichen und mitmenschlichen Beziehungen, und zwar nach W. Hellpach mit den Wirkungswegen, den wirkenden Triebkräften, den gewirkten Gebilden und den Rückwirkungen der Gemeinschaft auf den einzelnen (als Sozialindividuation) (41). Nach ihren Prinzipien will sie begreifen und verstehen lehren, um ausgleichen zu können.

In diesem Sinne sagt Viktor von Weizsäcker: „Entscheidend an ... psychologischen Einsichten ... ist ..., daß ich bei psychologischer Einstellung nicht verurteile, sondern begreife; nicht den Streit verschärfe oder verewige, sondern auflöse; zuerst durch Verständnis, dann, gegebenenfalls, auch auf die rechte Weise beschwichtige .... Entscheidend ist bei der sekundären, der psychologischen Reaktion ... eine begreifende Haltung. — Mit anderen Worten: die Psychologie hat eine soziologische Bedeutung, denn sie ist ein bestimmtes Verhalten zum Problem des Streites, eine bestimmte Art, den Streit aufzulösen, womöglich von Anfang an zu vermeiden. Und ich scheue mich nicht, dies mit einem politischen Ausdruck zu bezeichnen: Die Psychologie hat eine pazifische, besser: pazifizierende Bedeutung" (138).

Die primäre Form der Zusammenfügung erfolgt zur Sicherung und Erhaltung der Existenz als Spontanbildung bei allen Lebewesen und somit auch beim Menschen. Sie setzt ein wechselseitiges Geben und Nehmen voraus, entspricht damit dem natürlichen Bedürfnis nach Geselligkeit, Geborgenheit, Zugehörigkeit und Hingabe. In der nächsten Phase rückt der unbewußte oder offenkundige Zweck in den Vordergrund, die Gruppierung wird zur zielstrebigen Funktionsbildung, um die Arbeitsweise der Institution zuverlässig zu gestalten. In ihr werden die vegetativen Bedürfnisse betont. Als Sinnbildung erscheint die Gruppe in der Gemeinschaft. Zu dem physiologischen Substrat der Zusammengehörigkeit in einer Gesellschaft tritt das psychische Moment des Zusammengehörigkeitsgefühls oder Zusammengehörigkeitsbewußtseins.

In allen diesen Strukturen zeigen sich *sozial-individuale Polaritäten und Bindungen.* Sie äußern sich: a) als Gegensatz bis zum Antagonismus mit allen nur möglichen emotionalen Färbungen, b) als Indifferenz oder wechselseitige Gleichgültigkeit, c) als Angepaßtheit ohne innere Anteilnahme aus mannigfaltigen Motiven, wie Zwang, Furcht, Schwäche, Bequemlichkeit oder Berechnung, indem man sich der Situation einfach anpaßt, sich „ausrichtet", d) aus Zweckmäßigkeit, indem man in der Gruppe das Mittel oder Instrument für einen Umsatz in Soll und Haben sieht, e) aus dem Bedürfnis nach Geborgenheit, also um seiner eigenen Person willen, f) aus Zugehörigkeit, die durch die sozial-individuale Wesenhaftigkeit bestimmt wird.

Die Prinzipien der Gruppenbildung lassen sich aus diesen Strukturen ableiten und auf vier Momente beziehen: 1. auf die Gemeinsamkeit der Menschen in Erlebnis und Schicksal, 2. auf das Verlangen nach Geselligkeit ohne tiefere Bindung, 3. auf das erstrebte Objekt und 4. auf die zuverlässige Funktion der Institution oder Organisation (47, 83).

Nach ihrer Struktur und dem Grade der Beziehung oder Bindung bauen sich die Gruppen in einer Stufenfolge oder Rangordnung auf. Sie erscheinen zunächst als ungleichartige, lose Gebilde oder unorganisierte Assoziationen und umfassen Straßen- und Massenansammlungen, Unterhaltungsgesellschaften, die Öffentlichkeit und „die Leute", Bevölkerungsschichten und -schichtungen, Interessengruppen und Cliquen, Parteien, Parlamente und Geschworenengerichte, Familien, Sippen, Bekanntenkreise und Klassen. Auf einer gleichartigen Ebene finden sich die organisierten Gemeinschaften zusammen, nämlich die Vereine, Sekten, Genossenschaften, Kasten, Gemeinden und Staaten. Sie bestehen daher aus gleichartigen oder doch ähnlichen Gliedern (40, 42, 47, 83).

Diese Verhältnisse wird man bei umfassenden Untersuchungen zu berücksichtigen haben. Für experimentelle Prüfungen bedarf es einer *übersichtlichen, einfachen Gliederung*. Es wird vielfach genügen, solche Personen zusammenzufassen, die sich wechselseitig aufeinander zwanglos beziehen lassen und im Bewußtsein oder wenigstens im Gefühl der Einmütigkeit das vorgelegte Ziel oder die gesteckte Absicht zu verfolgen vermögen. Wird auf eine Verschmelzung im Gruppenprozeß besonderer Wert gelegt, dann darf die Dynamik der gegenseitigen Formung nicht außer acht gelassen werden. In einer geschlossenen Ringbildung kann es ebenso darauf ankommen, eine Verbindung nach außen abzusperren, wie auch die Beziehungen zur Umgebung zu begünstigen, um den Vorgang einer natürlichen geschlossenen oder offenen Gesellschaft zu gewährleisten (139, 140, 141).

Bei der *Durchführung von Gruppenversuchen* sind in sinngemäßer Abwandlung die gleichen Grundsätze zu befolgen wie bei Laboratoriumsexperimenten. Es sind dies vier Kardinalregeln, von denen je nach Ausgangspunkt und Situation die eine oder die andere einer schärferen Auswahl bedarf. Es braucht jedoch nicht besonders betont zu werden, daß jeder Versuch eine gewissenhafte Vorbereitung erfordert, wenn er den erstrebten Erfolg haben und nicht in die Irre führen soll.

Zunächst ist es notwendig, das Problem so klar wie nur angängig zu umreißen und die Fragestellung tunlichst auf eine einzige zu beschränken. Dies wird jedoch nicht immer zuverlässig möglich sein, weil die vielen biologischen Einwirkungen und Effektvarianten eine breitere Streuung hervorrufen. In solcher Lage wird es nicht zu vermeiden sein, eine zweite oder höchstens dritte Frage so einzugliedern, daß diese Erweiterungen, Einschränkungen oder Besonderheiten der Grundfrage sind. Alle weiteren, aus dem Versuchsergebnis hervorgehenden Fragen sollten einem neuen Experiment vorbehalten bleiben. Das Prinzip der „alternativen Wirkung" oder der synonymen „Alles — oder Nichts-Reaktion", das in der angelsächsischen Literatur als „quantal response" bezeichnet wird, erweist sich als erfolgreicher, ohne daß eine quantitative Analyse dort verhindert oder überflüssig wird, wo sie unentbehrlich ist. Solche Wirkungskurven entstehen, wenn auf der Abszisse die belastenden Einwirkungen (Motive) und auf der Ordinate die Prozentsätze der Versuchspersonen aufgetragen werden. Nach KISSKALT sind sie Aufzählungs- oder Summenkurven; sie stellen die Integralkurve einer Verteilungskurve dar (142).

Zum zweiten bedarf es einer Auswahl der Versuchspersonen aus den vorgesehenen Gruppen unter exaktem Vergleich der für sie geltenden Charakteristika, wie sie im Vorstehenden dargelegt wurden. Sie darf jedoch keine Auslese besonders geeigneter Personen sein, sondern soll a) eine streng zufällige Aufteilung sein und dabei b) eine repräsentative Vertretung der Gruppen, gewissermaßen ihr verkleinertes Abbild darbieten. Eine solche Repräsentanz kann in gleicher Weise bestimmt werden, wie bei der Erforschung der öffentlichen Meinung (Abschnitt IV), also als prozentuale Stichprobe nach Zufall, als systematisierte Schlüsselzahl oder nach dem Quotenverfahren, das der Gruppenstruktur am besten entspricht.

Eine Auswahl der Versuchspersonen nach homogenen Standardtypen, wie man sie als Idealforderung aufstellen könnte, würde wohl die Auswertung und Beurteilung erleichtern, hätte aber nur den Wert eines Spezialergebnisses, das auf die allgemeinen Verhältnisse mit ihren unterschiedlichen biologischen Gegebenheiten nicht angewendet werden dürfte (128, 143, 144, 145). Der „klassische Weg zur Bewältigung dieser Schwierigkeiten", nämlich „durch Standardisierung des zu beobachtenden Organismus und der Umweltbedingungen den Variationsfehler zu verkleinern" (128), ist also für die Sozialhygiene und ihre Forschungsmethodik nicht gangbar. Wir müssen vielmehr die biologischen Verhältnisse so hinnehmen, wie sie gegeben sind, und müssen uns damit abfinden, daß wir ein Resultat nicht in einer absoluten Zahl oder einer konstanten Formel ausdrücken können, wie es die Physik und die Chemie tun, sondern ein Meß-Intervall und eine Häufigkeitsverteilung anzugeben genötigt sind, ohne daß dadurch die Exaktheit des Ergebnisses beeinträchtigt wird; es hat vielmehr den Vorzug einer größeren Anwendungsbreite und läßt auch Vergleiche mit internationalen Befunden zu, die nicht auf völlig homogenen Grundlagen beruhen, weil der „Variationsfehler" eine biologische Erscheinung als Variationsbreite oder Häufigkeitsverteilung ist.

„Anstatt den Variationsfehler einzuschränken, so daß er vernachlässigt werden kann", sagt MATHER (128), „müssen wir ihn vielmehr als charakteristische Eigenschaft jedes biologischen Systems erkennen und unsere Experimente so einrichten, daß trotzdem eine sichere Schlußweise möglich wird. Wir müssen lernen, die biologischen Schwankungen in unsere Analyse einzubeziehen, und eine Denkweise entwickeln, die variablen Systemen angepaßt ist". Diese Methodik ist die Wahrscheinlichkeit und die aus der deduktiven Form entwickelte induktive Statistik und Wahrscheinlichkeitsrechnung. Mit ihr können wir genau voraussehen, wie sich unsere Aufgliederungen und Zuteilungen auswirken werden; wir können also „die Wahrscheinlichkeit hierfür genau angeben" (128, 143). Unsere „Unsicherheit ist meßbar geworden", daher können unsere Aussagen über biologische Schwankungen nur solche „über Wahrscheinlichkeit und unsere Methoden statistische sein" (128); und dies gilt in besonderem Maße für die Erscheinungen in der menschlichen Gesellschaft und für die sich mit ihnen befassende Sozialhygiene und Sozialpathologie.

Zum dritten wird die Genauigkeit der Ergebnisse erhöht, wenn man die Gruppen in möglichst gleichartige Versuchseinheiten gliedert und so „Blöcke" oder „Kollektive" bildet. Kleine Versuchsfehler lassen sich durch Vergleiche ausmerzen. Die Anordnung kann beliebig variiert werden, wenn man von einem regelmäßigen „lateinischen Quadrat" ausgeht:

A B C D
D A B C
C D A B
B C D A

und die Spalten wie auch die Zeilen regellos untereinander vertauscht (143). Für unsere Zwecke wird die häufigste Form von vier Kollektiven unterstellt; doch lassen sich die Anordnungen beliebig erweitern bis zur Pluripersonalität.

Zum vierten ist es zweckmäßig, die Versuche in mehreren Gruppen zu wiederholen. Dabei entstehen manche Schwierigkeiten, wenn die aufzuwendende Mühe erheblich ist und nur beschränkte Geldmittel zur Verfügung stehen. Der Versuchsleiter ist dann genötigt, scharf zu kalkulieren, um bei geringem Aufwand möglichst umfassende Reihen zu prüfen und genaue Ergebnisse zu erzielen.

Die Voraussetzungen, die bei der Durchführung von Gruppenexperimenten zu erfüllen sind, bestehen also

1. in scharfer Formulierung von Problem und Fragestellung,
2. in einer repräsentativen Auswahl der Versuchspartner,
3. in einer Aufgliederung in Einheiten, Blöcke oder Kollektive und
4. in der Wiederholung.

3. Biodynamische Prinzipien

In der Nachkriegszeit seit 1945 wurden zahlreiche Gruppenversuche durchgeführt. Aus ihrer Anlage, ihrem Verlauf und ihren Ergebnissen läßt sich entnehmen, ob sie den an sie zu stellenden Anforderungen entsprechen. Es sei im folgenden auf einige bemerkenswerte Beispiele hingewiesen. Sie sind dem gesamten Arbeitsgebiet nach den biodynamischen Prinzipien von Erhaltung, Entfaltung und Gestaltung der Lebewesen und ihres Lebensraumes entnommen und entsprechen den Antrieben von Selbsterhaltung, Lebenssicherung und Fortpflanzung bzw. in physiologischer Beziehung von Stoffwechsel, Energiewechsel und Formwechsel. Demgemäß umfassen sie vornehmlich die Ernährung, die Wohnung, die Arbeit und die Geselligkeit.

a) Ernährung

Um die Zeit des ersten Weltkrieges wurden die Gruppenversuche von Hindhede, die im Untersuchungslaboratorium für Ernährungsforschung in Kopenhagen durchgeführt wurden, stark beachtet. Während nach Chittenden (146) der Erwachsene mit 60 bis 70 g Eiweiß am Tage dauernd auskommen sollte, genügen nach den Ergebnissen der Experimente von Hindhede (147) sogar schon 30 g. Er trat für eine im wesentlichen aus Kartoffeln und Brot mit nur wenig Fett bestehende *Nahrung* ein, mit der man sich in den Notjahren von Krieg und Nachkriegszeit gern zu beruhigen suchte, weil der Gehalt der zugeteilten Lebensmittel im Jahre 1917 auf 800 Kalorien täglich abgesunken war. Die Lehre von Hindhedes „moderner Ernährung" fand weite Verbreitung, so daß sein gleichnamiges Buch in 12 Jahren eine Auflage von 36000 erreichte.

Nach dem zweiten Weltkriege unterschritt der Tagesbetrag an Nahrungskalorien im Jahre 1947 den vom Völkerbund aufgestellten Richtsatz von 2400 bei 1137 Kalorien um fast 50% und der Eiweißgehalt den Regelwert von 70 g täglich um durchschnittlich 50%. Schon in den Jahren 1945 und 1946 war die Leistungsfähigkeit der deutschen Bevölkerung auf 60% der Norm gefallen. Sie wirkte sich besonders ungünstig im Bergbau aus, weil die Kohlenförderung zu gering wurde. Es lag daher nahe, in Gruppenexperimenten zu prüfen, ob und durch welche Lebensmittelzulagen der Produktionseffekt verbessert werden könnte, nachdem feststand, daß durch die bisher geübten Steigerungsmethoden von Zeitraffung und Bewegungsersparnis keine weitere Erhöhung der Förderleistung zu erzielen war. Es wurden daher biologische und physiologische Maßnahmen angesetzt und psychische Unlustkomponenten durch Zuteilung von bewährten Vorarbeitern zu den Gruppen so weit als möglich ausgeschaltet. Der Schwerstarbeiterzuteilung von 3993 Tageskalorien wurden weitere hochwertige Nahrungsmittel in abgestuften Mengen wie auch Alkoholika zur Hebung der seelischen Bereitwilligkeit hinzugefügt.

Die Untersuchungen von Sappok (148) und Faustmann (149) erstreckten sich über etwa zwei Jahre, von Sappok über 21 Monate in der Zeit vom 1. 1. 1947 bis zum 30. 9. 1948. Unter Berücksichtigung der vorgenannten Versuchsgrundsätze wurden Fehlerquellen so weit wie möglich ausgeschaltet. Die Ergebnisse wurden ergänzt durch Vergleiche mit den individuellen Tagesleistungen im Untertagebau und bei der Gruppe der Althauer. In der Versuchsperiode wurden fünf Zulagenaktionen vorgenommen Die Vergünstigung erhielt jedes Mitglied ohne Rücksicht auf die bisher beobachtete persönliche Leistung.

Der erste Erfolg zeigte sich gleich nach der Verteilung, indem die Krankmeldungen sofort abnahmen. Später stiegen sie langsam wieder an, um vor der nächsten Zuteilung jäh abzusinken. Infolgedessen nahm die Zahl der insgesamt verfahrenen Förderschichten und die totale Fördermenge gleichsinnig zu, obwohl sich die individuelle Tagesleistung nur wenig oder kaum meßbar veränderte. Einer Vermehrung der Kalorienmenge um 24% entsprach eine Leistungszunahme von nur knapp 6%, während die Gesamtförderung um fast 14% größer wurde. An diesem Leistungserfolg hatten die geübten Althauer einen hervorragenden Anteil, da ihre Produktion trotz gleicher Zulagen um durchschnittlich 8,26% anstieg.

Es ist ersichtlich, daß mit den Lebensmittelzulagen zunächst einmal die verlorengegangenen Reservekräfte aufgefüllt werden mußten. Sodann wird die alte Beobachtung bestätigt, daß die Leistung von Übung, Erfahrung, Kräfteökonomie und Einsatzfreudigkeit abhängt. Unter den psychischen Momenten war das Gefühl der sozialen Sicherheit von ausschlaggebender Bedeutung. Die Sorge um den Arbeitsplatz und die Zukunft der Familie erwiesen sich als ernste Belastungen, die eine volle Hingabe an die Leistung erschwerten.

Bei den im Wachstum befindlichen Schulkindern und Jugendlichen wirkte sich der Mangel an 50% Eiweiß und 20 bis 30% Fett auf die Entwicklung besonders ungünstig aus (95), so daß mit Hilfe des Marshall-Planes und ausländischer Spenden tägliche Schulspeisungen mit einer zusätzlichen Zufuhr von 300 Tageskalorien eingeführt wurden. Zudem verloren manche Kinder infolge von Übermüdung den Appetit, und das Beispiel der „schlechten

Esser" übertrug sich auf ihre Gespielen. Man ließ nun Kinder in Internaten und Waisenhäusern, deren Lebensweise genau beobachtet werden konnte, frei nach Geschmack im Rahmen der Zuteilungsmöglichkeiten zwischen vier Kostformen wählen, nämlich der üblichen Anstaltsverpflegung, einer solchen mit Vitaminanreicherung durch Zusätze von Obst, Gemüse und Salaten, einer weiteren mit Beigaben von Zucker, Honig, Marmelade oder anderen Aufstrichmitteln und schließlich einer Ergänzung durch Milch oder Milchgetränke. Nach einer Beobachtungszeit von einem Jahr hatten die Kinder dieser letzten Gruppe ihr Körpergewicht dem Längenwachstum am raschesten und leichtesten angeglichen; sie waren geistig rege, im Unterricht aufnahmefähig und aufnahmebereit, ermüdeten weniger leicht und zeigten ein heiteres Wohlbefinden (150).

Diese Versuche wurden ergänzt durch experimentelle Prüfungen über eine im gleichen Schul- und Jugendalter auffallende Wachstumsbeschleunigung. Die Erscheinung der Wachstumsakzeleration wurde bei uns ebenso wie in anderen Kulturstaaten etwa seit der Jahrhundertwende beobachtet oder vielmehr beachtet. Wir stellten in den Jahren 1947 und 1948 fest, daß diese Wachstumsbeschleunigung gegen die Norm um 8 bis 16 Monate verfrüht auftrat, von einer Untergewichtigkeit begleitet wurde, die bei Knaben bis zu 3500 g betrug und bei ihnen größer war als bei Mädchen mit einer maximalen Fehlgewichtigkeit von 2550 g, wie überhaupt die Akzeleration bei den Knaben stärker war als bei den Mädchen. Die Wachstumsbeschleunigung glich sich bei beiden Geschlechtern um das 14. bis 15. Lebensjahr aus. Eine begleitende geistige Ermüdbarkeit und verringerte Leistungsfähigkeit verschwand um das 18. bis 19. Lebensjahr (151).

Aus dem Vergleich mit früheren Jahrgängen und Veröffentlichungen ging hervor, daß die Akzeleration unter dem Einfluß der Mangelernährung während der Kriegs- und Nachkriegsjahre 1914—1918 und 1939—1945 sich verringerte, dann aber wieder unvermindert fortsetzte. In Gruppenversuchen ließ sich nachweisen, daß die Phase des vermehrten Wachstums auf positive Reizwirkungen, die Phase der konkomitierenden Untergewichtigkeit aber auf negative Reize zurückzuführen war. Als solche wurden erkannt: die quantitative und qualitative Zusammensetzung der Nahrung, ihr Gehalt an Mineralstoffen und Vitaminen, insbesondere an Wachstumsvitaminen und -stoffen, der Zustand und die Funktionstüchtigkeit des Endokriniums und seines Zusammenspiels, die ultraviolette Strahlung und ihr Einfluß auf und über die Hormone, das soziale Milieu und eine sportliche Übung.

Bei der Behandlung der Tuberkulosekranken hatte man schon längst den Wert des Fettes und insbesondere der Butter in der Krankenkost erkannt. Später schloß sich die Erkenntnis von der Bedeutung des Eiweißes an. Sie wurde während des Krieges und vor allem in den Nachkriegsjahren nach 1945 ergänzt durch Gruppenbeobachtungen über die bessere Wirkung von animalischem Eiweiß, das vollständiger gespalten und assimiliert wird. In der Praxis wurden die Feststellungen auch bei der Durchführung von prophylaktischen Maßnahmen verwendet und die Zuteilung von Ernährungshilfen und -beihilfen für tuberkulosegefährdete Berufe und Tätigkeiten darauf mit gutem Erfolg abgestellt. Weitere Versuche beschäftigten sich mit dem Einfluß von Überernährung und reichlicher Flüssigkeitszufuhr (sog. Wasserexperiment) auf das Geburtsgewicht des Kindes. Die Abnahme der Morbidität an Diabetes und Gicht während der Mangeljahre warf manche Fragen auf, die auch nach der Ernährungsbesserung im Anschluß an die Währungsreform von 1948 in Gruppenversuchen geprüft wurden. Diese wurden ausschließlich nach freiem Entschluß durchgeführt; jede Beeinflussung oder Beeinträchtigung wurde ausgeschaltet.

b) Wohnung und Bodenständigkeit

Die sozialhygienische Bedeutung einer gesunden, ausreichenden *Wohnung* läßt sich in ihrer ganzen Tragweite am zuverlässigsten ermessen, wenn man Vergleiche mit den Zuständen in anderen Ländern vornimmt. Im Februar 1952 stellte die Generalversammlung der Vereinten Nationen (152, 153, 154) fest, „daß der Mangel an ausreichenden Wohnungen für große Teile der Weltbevölkerung eine sehr ernste Herabsetzung des Lebensstandards bedeute und schwere soziale Probleme entweder dadurch bedingt oder zum mindesten verschärft werden". Die Unterschiede zwischen den wenig und den hochentwickelten Ländern sind nach Zahl und Beschaffenheit der verfügbaren Wohnräume außerordentlich groß. Der quantitative und qualitative Bedarf wird bei den wenig oder unterentwickelten Völkern häufig durch andere, noch größere Notstände überdeckt. Die erste umfassende Erhebung über den Wohnbedarf in Europa erstreckte sich auf 18 Länder mit 285 Millionen Bewohnern oder auf 50% von ganz Europa. Um in ihnen die drückendsten Mängel zu beseitigen, müßten jährlich mindestens 1 Million zusätzliche Räume beschafft werden. Wollte man die Bautätigkeit der Vorkriegszeit von 800000 auf 1,6 Millionen Wohnungen verdoppeln, dann würde es im Durchschnitt etwa 22 Jahre dauern, bis auf der ganzen Erde der notwendige Wohnraum erstellt wäre. Am günstigsten läge Schweden mit 6 Jahren, während Griechenland 150 Jahre brauchen würde.

Die stärksten Einbußen an Wohnraum erlitten Griechenland, Westdeutschland und Polen mit je 21%. Nach amtlichen Schätzungen betrugen die Verluste in der UdSSR sogar 32%. Die Wohnraumdichte schwankte zwischen 1,3 Personen (in Großbritannien ohne Schottland) und 2,0 Personen (in Ungarn). In den unterentwickelten Ländern, in denen der größte Teil der Weltbevölkerung lebt, ist die Wohnungsnot nach dem Bericht der Weltgesundheitsorganisation unvorstellbar, wenn man auch Vergleiche mit den Industrieländern nur schwer anstellen kann, weil die Anforderungen an Lebenshaltung und Wohnstandard verschieden sind.

In Westdeutschland wurden insgesamt 2 Millionen Wohnungen zerstört. Am stärksten wurde von allen Ländern Deutschlands das Gebiet von Nordrhein-Westfalen betroffen. Es verlor fast 1 Million seiner 3 Millionen Wohnungen oder rund 30%. Trotz reger Bautätigkeit stieg im Vergleich der Jahre 1939 und 1950 die Wohnungsdichte von 3,5 auf 5,0 Personen, die Wohnraumdichte von 0,9 auf 1,24 Personen. Dieser statistische Querschnitt trifft aber bei genauerer Analyse nur für 56% aller Feststellungen zu; der übrige Anteil von 44% läßt eine Wohnraumdichte von 2 bis zu 4 Personen erkennen. Sie ist bei den Heimatvertriebenen im Mittel, insbesondere für die am häufigsten vorkommenden Wohnparteien mit 2 Personen um 60% ungünstiger als bei der ortszugehörigen Bevölkerung. Die Mietpreise standen jedoch im umgekehrten Verhältnis zur Notlage. Sie betrugen in Normalwohnungen etwa 10 DM je Wohnraum monatlich, in Notwohnungen jedoch fast 9 DM (155, 156, 157).

Die Wohndichte
(in Personen je Raum) der heimatvertriebenen und nicht heimatvertriebenen Bevölkerung nach der Wohnungszählung vom 13. 9. 1950

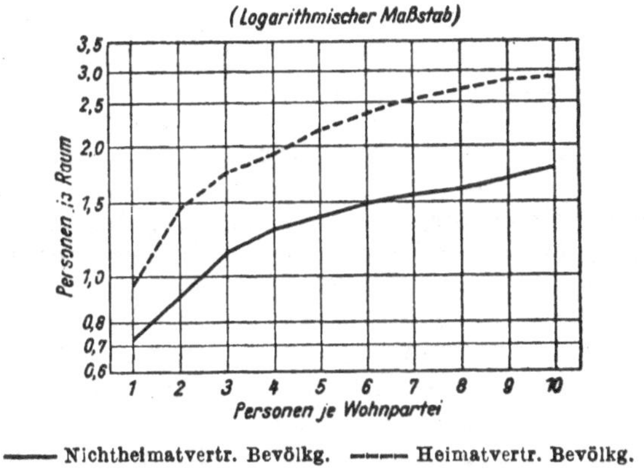

Abb. 6

Aus dieser Lage des Wohnungsmarktes entwickelte sich das Wohnungsproblem. Es regte zu Gruppenversuchen an, von denen einige Beispiele aufgeführt werden sollen. Sie mögen erkennen lassen, wie durch sie brennende Fragen einer Lösung zugeführt werden können.

In den letzten beiden Dezennien wurden heftige Fehden um die Vorzüge und Nachteile von Hausentbindungen und Anstaltsentbindungen geführt, wobei sachliche, individual-persönliche, wirtschaftliche und sozialpsychologische Begründungen herhalten mußten. Seit 1900 nahm jedoch trotz allem die Neigung zur Anstaltsentbindung fortschreitend zu. Im Durchschnitt entfielen bei uns im Jahre 1900 auf 100 Entbindungen nur 2,5% auf Anstaltsgeburten, um 1928 schon 15,0%, in der Zeit von 1946 bis 1948 bereits 44—47% und gegenwärtig 65 bis fast 70%. Diese Quote nähert sich bereits den Beobachtungen, die bei den Entbindungen unehelicher Mütter gemacht werden. Sie haben vielfach keine oder keine geeignete Häuslichkeit und müssen sich daher entschließen, zu 70 bis 75% in regionärer Verschiedenheit ein Heim oder Krankenhaus aufzusuchen. In ländlichen Bezirken ist die Wahl einer Anstaltsentbindung meist mit manchen Erschwerungen oder Unbequemlichkeiten verknüpft. Sie werden daher weniger zahlreich beobachtet als in den Städten und Industriegebieten, sind aber doch von 2,4% im Jahre 1900 auf 17% im Jahre 1930 und auf etwa 30% in der Gegenwart angestiegen. Die häusliche Entbindung belastet Heim und Familie so erheblich, daß die Mahnung der Vergangenheit, „Bestrebungen auf grundsätzliche Verlegung aller Entbindungen in eine Anstalt zur Erhaltung des Familiensinnes entgegenzutreten" unbeachtet bleibt, weil die Anstaltsentbindung unvergleichliche Vorteile bietet (2, 158, 159, 160, 161, 162). „Die Bedingungen der Antisepsis, der Pflege, Ruhe und Erholungsmöglichkeiten, die in modern eingerichteten und geleiteten Entbindungsheimen und -anstalten geboten werden, können im Haushalt nicht erzielt werden. Selbst in ländlichen Gebieten erfreuen sich die Entbindungsstationen einer steigenden Beliebtheit" (163).

Diese Erfahrungen gehen eindrucksvoll aus den Gruppenversuchen hervor. Wären sie bereits früher unternommen worden, hätte sich der vielfach theoretisch und dogmatisch geführte Streit um die Alternative einer häuslichen Entbindung oder einer Anstaltsentbindung eher, leichter und zuverlässiger klären lassen. Wenn man die Mütter von der Sorge um Häuslichkeit, Ehemann und Kinder befreit, ihre Familie sichert, die wirtschaftliche Lage ordnet, die Kosten des Anstaltsaufenthalts übernimmt und eine bequeme Überführung vorbereitet, entscheiden sich 80—85% für eine Entbindung in einer Anstalt oder einem Heim. In den USA ist die Entbindung im Hospital zur Regel geworden. Sie wird von 90 bis 95% der Frauen bevorzugt. Diese Entwicklung liegt im Zuge der Zeit und entspricht der Einstellung des modernen Menschen, seiner Sachlichkeit und seiner Vorstellung von Hygiene und Bequemlichkeit.

Trotz vieler Abkehr vom Kinde und der Bestrebungen zur „Geburtenkontrolle" in der Nachkriegszeit (164) wurde in manchen kinderlosen Ehen überraschend oft der Wunsch zur Adoption eines Kindes geäußert. Nach der Volks- und Berufszählung 1950 hatte der Anteil der kinderlosen Ehen immerhin den ansehnlichen Betrag von durchschnittlich 25% aller Ehen (165). Bei allem guten Willen für eine Annahme an Kindes Statt löste dieser Entschluß bei den Adoptiveltern eine „ernste Selbstprüfung" ihrer eigenen Befähigung und Befürchtungen um eine „mißratene Adoption" aus (166). Für die Prognose konnte nach sorgfältiger Klärung der Aszendenz bei den Kindern und ihres Milieus sowie der neuen sozialen Situation die Erfahrung einer Beobachtungszeit von 5 Jahren genutzt werden (167). Aus Gruppenversuchen in drei verschiedenen Großstädten ging hervor, daß die Entwicklung der Adoptivkinder in der Regel dem Einfluß der günstigeren neuen Umgebung folgte. Nur bei krimineller Belastung und Minderwertigkeit in intellektueller oder ethischer Beziehung brach diese bei einem Teil der Kinder doch durch und zwang zur Zurückhaltung. Bei der Auswertung war zu erkennen, daß die Veranlagung der natürlichen Großeltern wirksam blieb und infolgedessen hier vorteilhaft zur Prognose verwendet werden konnte.

Das sozialpathologische Korrelat zu diesen Ergebnissen finden wir bei der Verwahrlosung der Kinder und der Kriminalität der Jugendlichen. Die verwahrlosten Kinder stammen heute zu 80% aus ungünstigem Milieu mit dürftigen Wohnbedingungen und zerrütteten oder getrennten bzw. unvollständigen Ehen. Sie sind am stärksten gefährdet, wenn ihre geordnete Entwicklung im Alter von 7 bis 12 Jahren gestört wird und sich die Sorgfalt bei der Erziehung auf drei und mehr Kinder verteilen und damit verringern muß. An diesen Momenten konnten unsere Gruppenversuche ansetzen und erweisen, daß im rechten Zeitpunkt ein Abgleiten in Verwahrlosung oder Kriminalität verhütet werden kann. Jede Art der Erziehung außerhalb der geschlossenen Familie wirkt sich ungünstig aus. Aus solchen Verhältnissen kommen gegenwärtig 33% der Kinder, davon allein ein Drittel oder 11% aus Waisenhäusern. Dabei sind die Gefahren einer Großstadt mit ihren zahlreichen Verlockungen größer als die nur relative Ungebundenheit des Landlebens. Dies zeigt sich in dem anteiligen Verhältnis der Verwahrlosung mit 63% zu 20% oder von rund 3 zu 1.

Einen besonders starken Einfluß übt die Reifungszeit aus, indem die noch ungezügelten Neigungen und eine unkritische Aufnahme der im Pubertätsalter einstürmenden Eindrücke den Widerspruch des Jugendlichen gegen Sitte und Ordnung steigern. Dabei fanden wir in Gruppenversuchen besondere Passionen von Großtuerei in fast 20% aller Beobachtungen, vor allem starkes Rauchen, Kinosucht, Tanzlust, Alkoholfreude, Wandertrieb und am seltensten eine Vorliebe für Schundlektüre. Dieses Bild wird vervollständigt, wenn man hervorhebt, daß nur 37% dieser abgeglittenen Jugendlichen das Ziel der Volksschule erreichten und nur 31% eine Neigung zur Berufsausbildung zeigten. Die festgestellten Delikte erstreckten sich in kennzeichnender Weise auf Gelegenheiten zu leichtem Verdienst und auf eine sexuelle Frühreife, nämlich auf Eigentumsvergehen in 77%, Grenzgängerei und Schwarzhandel in 16% und sexuelle Verwahrlosung in 7%.

In beengten Wohnräumen mit unzureichenden Schlafstätten und bei dürftiger Lebenshaltung entwickelten sich auch früher solche Reaktionen; auch bei anderen Völkern zeigen sich soziale Negationen als Reaktion auf „Elend und überwältigende Eindrücke" (168). Die Stimmung wird unerträglich und steigt bis zur Siedehitze, wandelt sich aus Niedergeschlagenheit und Scheu zur Reizbarkeit und Explosionsbereitschaft. Bei längerer Dauer, wie sie heute üblich ist, entwickeln sich funktionelle und Organneurosen aus den aufgestauten Gefühlen von Neid, Haß, Angst, Zorn, Ekel, Ärger, Überempfindlichkeit und Mißmut. Sie greifen auf die Arbeits- und Berufstätigkeit über, lähmen die Initiative und entstellen schließlich auch die Lebensauffassung. Allmählich werden die neurotischen Erlebnisse fixiert, bis sich körperliche Dysfunktionen und seelische Motive nicht mehr trennen lassen (156).

Solche psychosomatischen Erscheinungen kann man in psychologischer Sicht nach dem Vorschlage von Hellpach als Psychome bezeichnen, und zwar als Wohnungspsychome in weiterer Gliederung seiner Sozialpsychome. Unter einem Psychom ist „die seelische Verfassung bei körperlichem Befindensstande überhaupt und auch bei Körperkranken" zu verstehen. „So läßt sich von einem Frischepsychom, einem Ermüdungspsychom, einem Hungerpsychom sprechen; ihnen entspricht klinisch-psychologisch das Psychom der Tuberkulose, der Grippe, des Typhus, der Sepsis usw. ... Das Psychom unterscheidet sich von der Psychose vorzüglich darin, daß diese stets einen deutlichen psychischen Prozeß darstellt, jenes dagegen ein meist flüchtiges, jedenfalls niemals selbständig werdendes ‚Epiphänomen', eine Miterscheinung des physischen Prozesses (Ermüdung, Vergiftung, Fieber usw.) ist". Fließende Übergänge bestehen nicht bloß zur eigentlichen Psychose, sondern auch zur normalen Charakter- oder besser Wesensartwandlung, so daß bei langem Bestande „wesensartliche Neuformungen" erzeugt werden können. „Sozial- und Kollektivpsychome, also seelische Befindens- und Ergehensganzheiten oder -einzelheiten, die durch das Zusammenleben mit anderen Menschen gesetzt werden, beschäftigen den Arzt heutzutage öfter als früher ..." (169).

Für die Beurteilung von exogenen und endogenen Faktoren, für die Abwägung eines „Stress" im Sinne von H. Selye und die Beziehungen zur Neurose (170, 171, 172, 173, 174), ist eine Methodik notwendig, die exakte Messungen, Dosierungen und Veränderungen der Versuchsanordnungen zuläßt. Das Leib-Seele-Problem hat H. Lungwitz biologisch erklärt, indem er den Menschen als Reflexwesen darstellte, als eine ganzheitliche Organisation von Reflexsystemen, die sich auch auf die Nervenzellen der Hirnrinde erstrecken. Diese biologische Auffassung unterscheidet er grundsätzlich von den physikalisch-chemischen Aggregatzuständen und Reflexleitungen. Auch das Bewußtsein wird danach zu einem rein biologischen Vorgang, ebenso wie alle „sogenannten psychischen Eigenschaften und Funktionen" (175, 176).

Das Zurückgehen auf eine materielle, physiologische Grundlage sowie auf die Lehre von den bedingten und unbedingten Reflexen von J. P. PAWLOW, den Nobelpreisträger von 1904, erwies sich in neuerer Zeit als Vorteil. Durch die kortiko-viszeralen Regulationsmechanismen wird die Verbindung mit den morphologischen Grundlagen gezogen und die Beziehung zwischen Psyche und Soma objektiv-experimentell zugänglich gemacht (177, 178, 179). „Die Mechanismen der menschlichen Neurosen sind im wesentlichen dieselben, wie bei experimentellen Neurosen der Tiere. Es gibt drei solche Verfahren: die Überbeanspruchung des Erregungsprozesses, die Überbeanspruchung des Hemmungsprozesses und die Überbeanspruchung des Nervenprozesses (J. P. PAWLOW, Sämtliche Werke, 2. Aufl 1951, Bd. 3, Buch 2, S. 296)" (180). Danach liegt es nahe, anzunehmen und zu begreifen, „daß wechselnde, vielseitige Inanspruchnahme der Hirnrinde der eintönig gleichbleibenden gegenüber Vorteile bietet, weil der Wechsel in der Beanspruchung weniger leicht zur Erschöpfung führt als die immer wiederholte Betätigung in einem auf dieselben Leistungen beschränkten, engerem Bereich" (168). Die soziale Bedeutung der Neurosen bekommt ihre besondere Note durch die Leistungsminderung und Arbeitsunfähigkeit, aber auch durch die ungünstigen Rückwirkungen auf Ehe, Familie und Beruf (181).

In experimenteller Beziehung konnte von W. R. ASHBY und WALTER GREY an „künstlichen Schildkröten", die mit Hilfe von Elektronenröhren und photoelektrischen Zellen (sog. Elektronenaugen) sehr präzis reagierten, gezeigt werden, daß die Anforderungen an Erregung und Hemmung bereits bei drei verschiedenartigen Impulsen so groß wurden, daß die Effekte nicht mehr vorausberechnet werden konnten und Fehlleistungen entstanden, die den Neurosen von Tieren und Menschen gleichgestellt werden konnten.

Beengte, überbelegte und unfreundliche Wohnungen mit überhöhtem Wohnraumindex führen infolge der Vielfalt beeinträchtigender Einflüsse aus diesen experimentell verständlichen Gründen auch zu Ehepsychomen. Doch sollten sie nicht überbewertet werden, weil man sonst Gefahr läuft, Abneigungen in die Probanden hineinzufragen (169). In solchen Zuständen leichter, wenig eingreifender Verstimmung bewährte sich als Gruppentherapie die ungezwungene Aussprache unter Patienten mit ähnlichen, aber durchaus nicht gleichsinnigen Neurosen. Es überrascht den unbefangenen Beobachter, mit welchem Freimut diese Gruppenbeichten geführt werden und wie befreiend sie meist wirken. Die Erfahrungen, die mit der Förderung von Frühehen gemacht wurden, sind zu fast 90% günstig, wenn die wirtschaftlichen Grundlagen gesichert sind. Dagegen endeten die Frühehen zu 80% schon in den ersten Jahren mit der Scheidung, wenn sie wegen eines zu erwartenden Kindes geschlossen wurden, die Frau älter war als der Mann oder keine tragfähige Existenzsicherung geschaffen werden konnte. Mangelnde Sorge des Ernährers oder eine Haft verschuldete in fast 25% eine Notlage, die zur Ehezerrüttung führte. Zwei Drittel der Kinder aus solchem Milieu mußten aus diesen Gründen in Heime übernommen werden, die ursprünglich für Waisenkinder vorgesehen waren (182).

Der Verlust der Bodenbeständigkeit wurde von Flüchtlingen und Heimatvertriebenen leichter überwunden, wenn sie eine leidlich zuträgliche

Wohnung fanden. Ihre Kinder lebten sich rasch in der neuen Umgebung ein, und ihre Schulleistungen lagen dann in der Regel über dem Durchschnitt. Die allgemeine Fruchtbarkeit der heimatvertriebenen Frauen lag nach den Gruppenbeobachtungen des Jahres 1952 in Nordrhein-Westfalen mit 76,9 Geburten auf 1000 Frauen im gebärfähigen Alter um 13,4% höher als die der Einheimischen mit 67,8 je 1000 (183). Sogar die Widerstandsfähigkeit gegen Tuberkulose erwies sich vergleichsweise als größer, nachdem die Strapazen der Flucht eine scharfe Auslese gehalten hatten. Auch die Enge einer wenig ansprechenden Wohnung bewirkte keine Verschlechterung, sofern durch peinliche Sauberkeit die Schmutzexposition auf ein Mindestmaß herabgesetzt werden konnte. Damit bestätigte sich von neuem die Feststellung von RUBNER in ihrer erweiterten Form: „Die Tuberkulose geht der Wohndichte parallel, wenn der Kranke und seine Umgebung die notwendige Wohnpflege vernachlässigen" (2). In überspitzter Auffassung könnte man den Verbrauch an Seife als Indikator für den Gesundheitswillen und die Bekämpfung von Infektionen ansprechen (184). Aber aus der beengenden Gefahr der Wohnungsnot und der ruhelosen Unbeständigkeit der Wanderung kann kausal nur eine neue Bodenständigkeit und ein wiedergewonnenes Heimatgefühl herausführen. Die Versuche in Industrie und Landwirtschaft mit Werkwohnungen, eigenem Garten und Eigenheimen oder Siedlerstellen haben sich als wirkungsvoll erwiesen und bestätigen die vorausgegangenen Gruppenversuche.

c) Arbeit, Arbeitsplatz und Arbeitskontakt

Die Gestaltung der *Arbeit* und des Arbeitsplatzes sowie die Auswirkung auf das Leistungspotential und die Leistungsfreude gaben am häufigsten Anlaß, aber auch Gelegenheit zu Gruppenexperimenten, die sich durch ihre Variationsmöglichkeit auszeichneten. Aus der fast unerschöpflich großen Zahl sollen jedoch nur einige grundlegende, kennzeichnende Versuche ausgewählt werden.

Die einfachste und darum leicht zu überblickende Anordnung ist der bipersonelle Arbeitskontakt. Er erweist sich nie als eine quantitative Summation der Kräfte, sondern als qualitative Steigerung, und zwar auch dann, wenn in der Opposition ein Gegensatz resultiert. Die Begnung von Ich und Du ist stets ein Vergleich, dessen Maß der andere abgibt. In Spiel und Arbeit, die ja voneinander nicht wesensverschieden sind, wird die Partnerschaft zur „Wirksozietät" und damit zu einem einheitlichen Prozeß mit einem spezifischen Wertziel, das in der Zusammenarbeit auf Gegenseitigkeit erstrebt wird. Dabei wird die bipersonale Dynamik nicht vom bewußten Erleben und Wollen getragen, sondern wirkt am zuverlässigsten, wenn sie unbewußt und reflektorisch spielt, während jede reflexive Kontrolle den Konsensus stört (185, 186).

In einer solidarischen Arbeit, z. B. beim Holzsägen, leistet jeder Partner nicht seinen vollen Beitrag, sondern nur zwei Drittel des Einsatzes, so daß bei einem Verlust von einem Drittel der Hilfe ein relativer Mehraufwand je Arbeiter im Vergleich zur Einzelarbeit eintritt. Das Defizit wird aber durch ein rascheres Tempo ausgeglichen und der Effekt um etwa 35% je Zeiteinheit vergrößert. Für die soziale Physiologie und soziale Pathologie ist es notwendig festzustellen, daß auch zwischen Gesunden und Kranken eine echte Zusammenarbeit eintreten kann, indem der Gesunde einige Glieder des Arbeitsvorganges ganz übernimmt, den Kranken überspielt und die gestörte Funktion in eine normale Leistung überführt; dem Kranken werden nur die einfachen Glieder des Arbeitsaktes überlassen, und er wird so mitgerissen, daß ein günstiger Effekt entsteht und ihn befriedigt. Dagegen fehlen im Zusammenwirken von Kranken mit Kranken die Kriterien der bipersonalen Beziehung; es entstehen nur Scheinbegegnungen, aber es mangelt an der echten Partnerschaft.

Erweitert man die Bipersonalität zur Tripersonalität, dann tritt gleichzeitig eine personale Transformation ein, indem der dritte Teilhaber als Vorarbeiter die Arbeitsanteile verteilt und über die beiden anderen die Aufsicht führt. In einer sich mehrenden Multipersonalität formen sich die Beziehungen entweder in additivem Aggregat zur Gesellschaft oder in geistiger Verbindung zur Gemeinschaft. Die soziale Struktur differenziert sich nach der funktionellen Stellung in eine Homonomie, Hypernomie oder Hyponomie. Dies schließt aber nicht aus, daß im Bereiche dieser Auffassungen sich auch Gruppen zusammenschließen, die durch das gesteckte Ziel gehalten werden.

Für das Spiel des Kleinkindes ist die Gesellung die angemessene Form; es will dabeisein und mitmachen. Im Pubertätsalter drängen sich Forderungen und Verpflichtungen auf, die sich abklären und in der Reife zur geschlossenen Arbeits- und Werkskameradschaft führen.

Aus einem Arbeitsverband erwächst durch Dominanz, aber mit freiwilliger Unterstützung der anderen Partner ein Vorbild. Es wirkt in seiner Spontanität unbewußt, so daß der Partner willig folgt. Dagegen hebt sich ein Anführer oder Führer wissentlich und zielstrebig heraus, indem er einseitig diktiert. Dann entwickelt sich eine Scheinbegegnung oder Verfallsform der Bi- und Multipersonalität, die dem Arbeitsprozeß und der Leistung abträglich ist.

In seinen Versuchen hat weiterhin der Sozialpsychologe O. Klineberg (New York) gezeigt, daß in einer Gruppenarbeit, in der die Teilnehmer selbst über die Planung, Organisation und Durchführung bestimmen können, weitaus höhere Leistungen erzielt werden, als wenn die eigene Initiative ausgeschaltet wird und der Vorarbeiter oder Vormann allein anordnet (7).

Um die Frage zu beantworten, ob die persönliche Fähigkeit allein über Erfolg und Geschick entscheidet oder ob sie erst wirksam werden kann, wenn eine geeignete Position innerhalb einer Gruppe bzw. Gemeinschaft die angemessene Entwicklung der immanenten Eigenschaften ermöglicht und fördert, hat D. B. Hertz (Columbia-Universität) Modellversuche durchgeführt, bei denen gleichwertigen Partnern bei wechselnden Anordnungen Positionen zugewiesen wurden, die für die Lösung der Aufgabe verschieden günstig oder ungünstig lagen, und zwar in einer zahlenmäßig bestimmbaren Skala, so daß das Bild von vorteilhaft plazierten „Innenseitern“ und benachteiligten „Außenseitern“ entstand. Es zeigte sich, daß trotz gleicher Geschicklichkeit und gleichen Arbeitseifers die begünstigte Position über die Erfolgschancen entschied. Die Schnelligkeit der Lösung und die persönliche Anteilnahme stiegen umsomehr, je günstiger der Platz im Organisationsschema und damit die Möglichkeit zur Führung war. Dagegen fielen Fleiß und Lust der Außenseiter im Verhältnis ihrer Mißerfolge ab. Bei der Ausdehnung auf Betriebsstudien ließen sich Leistungsprofile für charakteristische Aufgaben aufstellen, wie etwa für die Tätigkeit eines Generaldirektors, eines technischen Direktors, eines Prokuristen oder eines Laboratoriumsleiters. Nach solchen „Modellbildern“ richten sich heute bereits namhafte amerikanische Unternehmen, da in diesen Testen und Organisationstypen die persönliche Befähigung ebenso wie die Position in der Versuchsanordnung bewertet wurde. Die Praxis bietet dazu die Chance in den

Betrieben (7); denn sie können es sich im scharfen Konkurrenzkampf nicht leisten, daß auch nur ein Teil ihrer leitenden Köpfe „seine Berufung dem Zufall oder gar negativen Auswahlpremieren verdankt".

Die Wirkung der zwischenmenschlichen Beziehungen, des „Arbeitsklimas", der persönlichen Anteilnahme und der Mitverantwortung wurde in kleinen und großen Gruppenexperimenten mit allen nur denkbaren Variationen auf kurze und lange, sich über Wochen, Monate und Jahre erstreckende Zeit untersucht (187 bis 201). Diese *Versuche* lassen sich in drei Gruppen zusammenfassen und stellen eine fortschreitende Erfahrungsreihe dar:

1. die Wirkung der Beleuchtung auf die Arbeit;
2. die Psychologie der Gruppenarbeit und
3. die Psychologie der Betriebsaussprache.

Es zeigte sich bei einer solchen Versuchsreihe, daß eine bessere Belichtung die Arbeitsleistung der Versuchsgruppe erhöhte. Aber nach kurzer Zeit stieg der Produktionseffekt auch bei der Kontrollgruppe, ohne daß die Beleuchtung auch nur um eine einzige Kerzenstärke heller geworden wäre. Eine nun eingeführte Abschwächung des Lichts bei der Versuchsgruppe brachte überraschend eine weitere Steigerung, die jedoch gleichzeitig auch bei der Kontrollgruppe eintrat. Die psychologische Lösung dieser paradoxen Reaktion ging aus einem weiteren Parallelversuch hervor.

Eine Gruppe von sechs Mädchen wurde so zusammengestellt, daß zwei Mädchen sich vier Partnerinnen hinzuwählen konnten. Die Arbeit bestand in einer typisch mechanischen, einförmigen, sich unverändert wiederholenden Zusammensetzung von Relais aus 40 verschiedenen Teilen von winziger Größe und beanspruchte für jedes Stück etwa eine Minute. Die Zählung erfolgte automatisch. Während der sehr langen Versuchsdauer wechselten die Bedingungen. Die Mädchen durften ihre Technik nach Belieben variieren, das ihnen angemessene Tempo wählen, ihre Zeit nach Bedürfnis einteilen, sich unterhalten und herumlaufen.

Die zwölf vorgesehenen Versuchsperioden wurden jeweils nach 4 bis 12 Wochen verändert. In der 1. und 2. Periode lieferte jedes Mädchen 2400 Relais wöchentlich bei den üblichen Arbeitsbedingungen einer 48-Stundenwoche einschließlich des Samstags ohne Pausen. Die Leistungen stiegen an, als ein Gruppen-Akkord, eine doppelte Pause von zunächst je 5 und später von je 10 Minuten eingeführt wurde, fiel aber etwas ab, als 6 Fünf-Minuten-Pausen versucht wurden. Die Mädchen klagten, daß der Arbeitsrhythmus unterbrochen würde und sie etwas an Übung einbüßten. Eine erneute Leistungssteigerung brachte die Beschränkung der Pausen auf zwei, in deren einer die Firma einen kleinen warmen Imbiß reichte. Sie wurde weiterhin durch Vorverlegung des Feierabends um ½ und 1 Stunde verbessert, änderte sich aber auch nicht, als der frühzeitige Arbeitsschluß wieder aufgehoben und später durch einen freien Samstag ersetzt wurde. Als nach 1½ Jahren alle Vergünstigungen fortfielen und die Mädchen wieder in die üblichen Arbeitsbedingungen einer 48-Stundenwoche ohne Pausen und ohne warmen Imbiß zurückversetzt wurden, verringerte sich die Wochenleistung doch nicht, sondern sprang auf den Rekord von 3000 Relais.

Die Versuchsgruppe hatte sich psychisch gewandelt und war nicht mehr die gleiche wie zu Beginn der Versuchsreihe. Sie war sich ihres Wertes, ihrer Bedeutung für die Gestaltung des Arbeitsprozesses bewußt geworden, hatte eine persönliche Einstellung zum Betriebe gewonnen, wurde menschlich und verständig behandelt, trug eine eigene Verantwortung und stand auf gesichertem Posten. Damit wuchs die Freude an der Arbeit. Diese Feststellung erklärt nun auch die Resultate im Beleuchtungsversuch.

Durch regelmäßige betriebsärztliche Untersuchungen konnte erwiesen werden, daß die betriebsübliche Ermüdung nicht zunahm, eine körperliche Beeinträchtigung nicht eintrat und die Arbeitsleistung mit den psycho-physischen Fähigkeiten übereinstimmte, obwohl die Leistungskurve trotz der Eintönigkeit anstieg. Die Fehlschichten verringerten sich sogar im Vergleich zum Durchschnitt um 80%. Das soziale Wohlbefinden offenbarte sich in der guten Stimmung, die häufig wichtiger war als die Höhe des Lohnes. Damit war die besondere Bedeutung der psychischen Faktoren von Arbeitsfreude, Freiheitsgefühl und Mitverantwortung für den Beruf und den Produktionsprozeß erwiesen.

Die so gewonnenen Grundlagen wurden schließlich in einem großen Experiment ausgewertet, in das 21000 Angestellte einbezogen wurden. Sie sollten in regelmäßigen Aussprachen ganz offen ihre Kritik an ihrer Arbeit, ihrem Arbeitsverhältnis, ihren Kameraden, ihren Vorgesetzten und ihrer Firma üben. In kurzer Zeit wurden Erfahrungen gesammelt, die im einzelnen geringfügig erschienen, aber den Betroffenen bedrückt hatten. Die befreiende Wirkung dehnte sich auch auf das Leben außerhalb der Arbeitsstätte, auf Freundschaften und Feindschaften, auf Familie und wirtschaftliche Nöte aus. Mancher aufgespeicherte Groll konnte sich entladen und ließ die Umgebung verändert erscheinen. Arbeiter und Angestelte entdeckten manche Verbesserungen, die garnicht versucht worden waren. Sie stellten fest, daß das Kantinenessen besser geworden sei und der Chef sie nicht mehr drangsaliere, obwohl sich lediglich ihre eigene Einstellung geändert hatte und der unterdrückte Ärger verflogen war. Eine vorzeitige Ermüdung wurde nicht mehr beobachtet, weil das Gefühl von Hemmung und Versagen nicht mehr aufkam. Die Arbeit wurde nicht mehr als eintönig empfunden, seitdem man sich einer sozial-menschlichen Behandlung bewußt wurde und mit der inneren Befriedigung auch die Leistungen einen Auftrieb erfuhren.

Zu weiteren Versuchsanordnungen gaben Anlaß: reale und ideelle Auszeichnungen, Belobigungen und Ehrungen, Festigung des Selbstbewußtseins und Prägung des Selbstwertes, Anerkennung von Lauterkeit und Objektivität, von Entdeckungen, Erfindungen, Vereinfachungen und Planungen, Wirkung des Carpentereffekts, des vorbildlichen Beispiels und der Gewährung von wirtschaftlichen Erleichterungen in Form von Sonderurlaub, Prämien und Tantiemen sowie die Bewertung von natürlichen, biologisch begründeten Leistungsdifferenzen, von Affekt und Contenance, von Reife der Erfahrung im höheren Alter und von Geschicklichkeit oder Temperament der Jugendlichen.

Die Beleuchtungsexperimente wurden in letzter Zeit vorteilhaft ergänzt durch Prüfungen über Wirkungsweise und Dynamik der Farben (202, 203, 204, 205). Zu den Erfahrungen beim Einsatz jüngerer und älterer Arbeitskräfte (206, 207, 208) traten noch Fragen nach der Einsatzmöglichkeit, Ausdauer und Entlohnung der Frauen (209, 210, 211). Bei diesen Versuchen zeichneten sich die reiferen, insbesondere auf sich selbst gestellten weiblichen Mitarbeiter durch Stetigkeit, Gleichmaß, Ausdauer und Zufriedenheit aus. Die

Reihe der Problemstellungen ist mit diesen Hinweisen keinesfalls erschöpft; vielmehr ergeben sich aus den Bedürfnissen oder Schwierigkeiten der täglichen Erfahrung immer neue Aufgaben.

d) Gesellung und Gemeinschaftsbildung

Ein Teil der Arbeits- und Leistungsversuche läßt auch schon die Anfänge einer *Gemeinschaftsbildung* erkennen, nämlich die Einstellung zur Gesellschaft, die soziale Gesinnung und den Einfluß erzieherischer Momente auf die Plastizität einer sozialen Haltung. Bevor Sozialreformen großen Stils durchgeführt wurden, gingen vielfach kleinere Modellversuche oder Gruppenexperimente voraus (212 bis 218). Die soziale Frage, die von der Lage der Arbeiter ausging, umfaßt heute auch Handwerker, Kleingewerbetreibende, landwirtschaftliche Berufe einschließlich Bauern und Geistesarbeiter, weil der Mittelstand in einer Umformung begriffen ist. Aus der großen Zahl von Aufgaben, die sich daraus entwickeln, seien als wichtige genannt: die soziale Sicherheit, die Erstellung von Arbeiter- und Werkwohnungen, ihr Einfluß auf die Festigung der Familie, die Emanzipation und Gleichberechtigung der Frau, die Bauernbefreiung und die Aufhebung der Leibeigenschaft, die Schaffung von Siedlungen sowie die Einrichtung von Warenhäusern, Einheitspreisgeschäften und Konsumvereinen, die auf die soziale Formung großen Einfluß haben oder gewinnen können.

Die mit großer Landwirtschaft oder Handwerks- und Industriebetrieben ausgestatteten Arbeiterkolonien gewährten Wanderern und Tippelbrüdern Aufnahme, um sie in geregelter Arbeit wieder für ein geordnetes Leben zu erziehen. Aber nur ein Teil konnte sich allein behaupten, während die „Koloniebummler" immer wieder zurückkamen, weil sie sich in der freien Wirtschaft keine Existenz zu schaffen vermochten. Der Versuch, Kolonisten aus Arbeiterkolonien als Kleinbauern anzusiedeln, mißglückte. Nach dem Kriegsende 1918 löste die Erwerbslosenfürsorge diese Gruppenversuche im Wesentlichen ab.

Nach 1945 stammten 75 bis 80% der verwahrlosten und kriminell gefährdeten Kinder aus unvollständigen oder zerrütteten Ehen. Es war daher notwendig, so früh wie möglich mit einer vorbeugenden Erziehung einzusetzen. Die Vermittlung in andere Familien war schwierig oder unmöglich, so daß nach anderen Wegen gesucht werden mußte. In Kopenhagen richtete die Polizei nach den Ideen von Svend Gredsted „Jugendklubs" ein, um ein Abgleiten in Asozialität zu verhindern und gleichzeitig einen „Präventivkrieg gegen das Verbrechen" einzuleiten. Die Betreuung wurde jungen Männern, Mädchen und Frauen von 17 bis 35 Jahren geboten. Aus der inneren Leere und Langeweile führten zunächst viel Geselligkeit, viel leichte Musik und viele Filmabende heraus, bis die eigene Aktivität über sportliche Betätigung und Kosmetikkurse zum eigenen Jazzorchester, einer Theatergruppe sowie Lese- und Kunstzirkeln bzw. zur Kleiderpflege, Heimgestaltung, Vorbereitung kleiner Festlichkeiten und hauswirtschaftlicher Unterweisung führte. Gemeinsame Ferienreisen im Sommer schlossen sich als Belohnung an. Diese bisher in vier Jugendklubs durchgeführten Gruppenversuche erstreckten sich vom 1. März 1950 bis zum 31. August 1952 auf 2145 Gefährdete. Von 1054 Personen, die in Arbeit vermittelt wurden, verschwanden nur 250 (oder kaum 24%), während der größte Teil (von 76%) aushielt.

Aber nicht immer glückt ein solches Experiment. Eine Großstadt am Niederrhein mußte ihr „Haus der offenen Tür" nach etwa vier Monaten wieder schließen, weil die Jugendlichen durch ihr disziplinloses Verhalten die Umgebung beeinträchtigten und ihre ihnen unter der Aufsicht eines Jugendpflegers eingeräumte Selbstverwaltung nach dem Prinzip „Jugend kann von Jugend geführt werden“ gröblichst mißbrauchten. Das Experiment kam zu dem Ergebnis, daß man der Jugend in dem behaglich eingerichteten Heim zu viel freien Willen gelassen hatte, so daß die Radaubrüder sich durchsetzen konnten. Ein neuer Versuch wird daher unter Einsatz von Pädagogen unternommen.

Bei Kindern im schulpflichtigen Alter von 7 bis höchstens 15 Jahren bewährten sich die Einrichtungen von Kindersiedlungen und Kinderrepubliken, um eine versäumte oder fehlgeleitete Erziehung nachzuholen, sie aus Konventikeln und Unterschlupfen der Unterwelt herauszuholen, ihnen wieder die Achtung vor Ordnung und Alter beizubringen, sie an die Respektierung fremden Eigentums und seinen Schutz vor Zerstörung zu gewöhnen, in ihnen damit aber auch das Bewußtsein für Rechtlichkeit und Selbstverantwortung zu wecken. Seit 1937 nimmt das französische Pädagogen-Ehepaar Julien in seinem Waldsitz Moulin Vieux elternlose Kinder aus allen Ländern Europas auf. Es richtete dort eine „Republik der Kinder“ als eigenes Gemeinwesen mit Schlafsälen, Klassenräumen, Atelier, Wäscherei, Krankenstube und Brausebädern ein. Der kleine Staat zählt etwa 50 Bürger aller Nationalitäten und hat eine Selbstverwaltung, dessen Spitze ein Syndikat aus 5 bis 8 Mitgliedern ist und in geheimer Abstimmung gewählt wird. Ihr Solidaritätsgefühl verbindet sie mit ähnlichen Kinderrepubliken und will zum internationalen Verständnis, zur Zusammenarbeit mit anderen Völkern und zur Festigung des Friedens auf der Erde beitragen.

In größerem Ausmaße gründete im Sommer 1945 der italienische Priester Don Antonio Rivolta bei Santa Marinella eine Kindersiedlung für elternlose, verwahrloste Knaben im Alter von 7 bis 15 Jahren. Sie kann 120 Jungen aufnehmen und bietet ihnen ein selbständiges Gemeinwesen mit eigener Verwaltung, eigenen Gesetzen, eigener Zeitung und Währung. Der Besuch von Kirche und Gottesdienst ist den Mitgliedern freigestellt. Sie dürfen auch jederzeit aus dem Kinderstaat ausscheiden. Aber 85% kehrten aus freiem Entschluß doch wieder zurück. Um das Gefühl der Selbständigkeit zu erhöhen, müssen die Jungen wie Bürger ihren Lebensunterhalt selbst verdienen. Sie erhalten ihren Lohn in einer Binnenwährung der Siedlung, doch steht es ihnen frei, ihn bei der Bank gegen die allgemeingültige Landeswährung umzutauschen. Sie dürfen darüber frei verfügen, müssen jedoch davon Unterkunft, Kost, Kleidung und alle notwendigen Anschaffungen bestreiten. Als Arbeitsleistung wird auch der Schulbesuch bewertet. Sie strafen nach eigenem Recht, legen es aber bei aller Zurückhaltung mit strenger Logik aus. Ein Junge hatte bei einer Schlägerei seinen Gegner gebissen. Es wurde verurteilt, eine Woche lang ein Hundehalsband zu tragen, weil nur Hunde den Menschen beißen. Die gegenseitige Erziehung fördert die soziale Gesinnung leichter und zwangsloser als die Strenge eines Erwachsenen. Unter seiner Leitung und Anleitung werden aber auch die natürlichen Fähigkeiten frei von Furcht und Beängstigung entwickelt (219).

Schon im Spielalter ließen sich soziale Haltung und Gesinnung prüfen und in Gruppenversuchen exakt bestimmen. Zu einem „Hort der offenen Tür“ hatten die Kinder im Spiel- und Schulalter nach Belieben Zutritt und konnten sich nach Neigung und Laune beschäftigen, wobei die Heimleiterin die Aufsicht führte und nach Erfordern auch Anregungen gab. Mit der Zeit löste sich die anfangs stärker vorhandene Bindung an die erwachsenen Betreuer bis zur losen Anlehnung. Dieser Prozeß begünstigte die Bildung von Gruppen-, Spiel- und Interessengemeinschaften, in denen die Führung von dem gewandtesten oder reifsten Partner übernommen wurde. Aber auch Tendenzen der Absonderung oder Gegensätzlichkeit werden offenbar (140).

4. Modellversuche

Aus dieser kleinen Auswahl von Gruppenexperimenten geht hervor, daß Sozialhygiene und Sozialpathologie auf Modellversuche ebenso angewiesen sind, wie alle anderen exakten Wissenschaften. Es gilt auch für sie die Forderung von Martini: „Die medizinischen Erkenntnisse werden aus der Erfahrung am Individuum gewonnen; sie erlangen ihre Gültigkeit aber erst aus der Bestätigung an vielen, d. h. aus der Beobachtung von Kollektiven“ (220). Zeitmangel und Unrast der Gegenwart veranlassen heute die Jugend, sich auf frühen Verdienst einzustellen und ihre Ausbildung nach dem Prinzip der Nützlichkeit wie auch raschen Selbständigkeit zu wählen. Dabei kommen die wissenschaftlichen Fächer zu kurz, der Nachwuchs beginnt spärlich zu werden. Aber die Zeit ist nicht Geld, vielmehr ist die Zeit mehr wert als das Geld. Dies sieht man gerade in unseren Tagen an der Langlebigkeit und Widerstandsfähigkeit der Jahrgänge 1870 bis 1880. Diese „harte Generation der achtziger Jahre“ wußte mit der Zeit besser umzugehen, sich bei Krankheiten zu schonen und hatte auch ein besseres Friedenserbe an Gesundheit mitbekommen. Wir berufen uns heute zu gern auf das Tempo der Amerikaner, auf ihre business. Aber sie verstehen mit ihrer Zeit und ihren Kräften gut hauszuhalten. Dafür haben sie auch noch ein weiteres gutes Rezept: „Das Leben beginnt mit vierzig“. Sie hasten nicht so wie wir, während uns keine Zeit zur Besinnung auf uns und die Grenzen unserer Kräfte bleibt. Festina lente!

VII. Sozialbiologie

1. Sozionomie und Soziometrie

Wenn man die gefundenen Ergebnisse auf ihren physiologischen Gehalt oder ihre pathologische Abweichung prüfen will, braucht man allgemein gültige *Wertmaßstäbe*, mit denen man sie vergleichen kann; denn alles Werten ist ein Messen, alles Messen ein Vergleichen mit einem gegebenen oder hergestellten Maßstabe als dem tertium comparationis zum Zwecke der Abschätzung (221 bis 229). Aus den allgemeinen Lebenserscheinungen an und in den menschlichen Gesellschaften und Gemeinschaften lassen sich übereinstimmende Ausgangspunkte gewinnen und aus ihren Strukturformen gemeinsame Grundsätze für die Beurteilung abstrahieren. Diese Gesetzmäßigkeiten verwendet die Sozionomie, indem sie den hierarchischen Aufbau der Gesellschaften und ihre Funktionen zum Ausgang für eine Synthese wählt. Damit bietet sie der Soziometrie die Maßstäbe für ihre synoptischen Wertungen. Sie findet nur drei Ansätze: das Wertobjekt, das Wertsubjekt und die Wertbeziehung.

Geht man vom Wertsubjekt, also von der wertenden Person aus, dann ergibt sich das von Lust oder Unlust begleitete Besitzstreben als Maßstab der Wertung. Er ist die natürlichste Form und beurteilt eine Leistung nach der aufgewandten Energie. In der Anerkennung durch die Art- und Zeitgenossen empfindet das Individuum seine Befriedigung und wird dadurch ausgezeichnet. Das Ziel ist somit das Erlebnis des Selbstwertes und erfordert Bewegung oder Wechsel. Die Anknüpfung am Wertobjekt, am erstrebten Wertgegenstand wägt den eingetretenen Effekt gegen die erforderte Mühe und Arbeit ab. Sie beurteilt die Leistung nach dem jeweils bestehenden Bedürfnis. Von diesem Gebrauchs- oder Nutzungswert für wichtige Lebenszwecke geht auch die Arbeitswerttheorie aus. Nach ihrer Auffassung beruht der wahre oder reale Preis eines Dinges oder einer Leistung auf der zur Beschaffung notwendigen Anstrengung und Beschwerde. Dann müßte die Arbeit der natürliche Maßstab für den Tauschwert aller Waren sein. Diese Wertung ohne Zeitfaktor ist nur anwendbar auf ruhende Güter und knüpft an die Selbsterhaltung im Nahrungstrieb mit seinen Begleiterscheinungen an. Die Wertbeziehung zwischen Wertsubjekt und Wertobjekt stellt den Vergleich zur Struktur der Gemeinschaft her. Sie mißt den Wert an der Verwirklichung der tragenden Gemeinschaftsidee, indem alle Kräfte in optimaler Weise zusammengefaßt und ohne Vergeudung eingesetzt werden sollen. Diese Einstellung geht auf den Geselligkeits- und Familientrieb zurück. Eine absolute, zeit- und einschränkungslose Anwendungsbreite ist bei keinem der drei Ansätze vorstellbar, weil jeder von ihnen in stetiger, wenn auch langsamer Wandlung und Entwicklung begriffen ist (47).

In der aus einzelnen Individuen bestehenden *Lebensgemeinschaft* müssen die sich offenbarenden Ideen und auftauchenden Kräfte dem Einzelnen, der Umgebung, der Umwelt mitgeteilt werden, um wirksam zu werden. Erst der Widerhall weckt die potenzierte Steigerung und schafft neue Energiezentren. Jede Entdeckung und jede Freude gewinnt an Kraft und Wirkung, wenn sie Gleichgestimmten angeboten wird. So handeln instinktiv die Tiere, Kinder und Naturvölker. Erst die Zivilisation wirft Erwägungen, Zurückhaltung und Spekulation auf. In der natürlichen Lebensgemeinschaft fördert jedoch die Teilung des Neuen den Vorteil für den Einzelnen und hebt den Standard der Gesellschaft.

Obschon diese aus einer Vielzahl von Individuen zusammengesetzt und ihre Erscheinungsform als ein durch die einzelnen Mitglieder kausal bedingtes Aggregat erscheint, ist sie doch mehr als eine bloße Summe von Teilen; denn bei näherer Betrachtung läßt sie sich vom Lebensraum nicht trennen und erweist sich bei genauerer Analyse als ein integrierender Bestandteil des Milieus. Die *Gesellschaft* umschließt nicht nur die einzelnen Menschen eines gleich- oder ähnlich gestimmten Kreises, sondern läßt wenigstens in der Peripherie, auch die zugehörigen Tiere und Pflanzen als charakteristische Merkmale des Wohngebietes erkennen. Dies wird deutlich bei der Probe aufs Exempel. Die gleiche Menschengruppe erhält eine andere Prägung, wenn sie in ein ungewohntes oder fremdartiges Milieu versetzt wird, wie wir dies in der Nachkriegszeit bei den Umsiedlungen immer wieder erleben konnten. Dieser weite Gesellschaftsprozeß gleicht in vielem den Assozietäten der Tiere, die durch ihre vegetativen Bedürfnisse zusammengeführt werden. Im praktischen Ausgleich der Interessen regiert das Prinzip vom Kampf ums Dasein, der evidente eigene Vorteil wie die latente Gefahr (137, 230, 231).

Auch die in einem geschlossenen Lebenskreise wohnenden und wirkenden Menschen werden trotz aller Verschiedenheit von der gleichen Ideenwelt geformt. Sie benutzen die gleichen Stoffe und Geräte, müssen sich in der gleichen Umgebung behaupten und verfolgen die gleichen Zwecke und Ziele. Die gleichen Verpflichtungen und Bedrohungen bestimmen über ihre sichernden Leistungen und ihr schöpferisches Gestalten. Ihr gesamtes Schaffen verläuft in zwei Phasen: als Neuschöpfung oder als Umschöpfung, d. h. entweder als Entdecken präexistenter, aber noch nicht ausgenutzter Werte oder als selbständige Umformung übernommener, adoptierter Güter oder als Kombination beider Vorgänge.

2. Gesellschaftsstruktur und Zivilisationsprozeß

Innerhalb einer Gesellschaft schließen sich die Individuen enger zu Gruppen zusammen, in denen die Ordnung der Gemeinschaft über die Eigenart der Persönlichkeit überwiegt. Die Individualität geht in der Organisation mehr oder minder vollständig auf. In ihr führt die Autorität: Der Umsichtige wird zum naturgegebenen Prinzeps, der Redegewandte zum Sprecher und Gesandten, der Phantasievolle zum Erzähler und Dichter. Aber selbst der willigste Einzelne geht nicht restlos auf, und auch das begabteste Individuum vermag den gemeinschaftlichen Sozialraum nicht zu durchbrechen. Mit der zunehmenden Fülle von Erfahrungen und der wachsenden Schwere von Verantwortung verlagert sich der Führungsanspruch auf mehrere Köpfe, so daß ein Rat der Alten, eine Gerontokratie, ein Brain Trust entsteht. In diesem Stadium ist der Prozeß der Zivilisation innerhalb einer Gesellschaft bereits herangerückt. Ihre Struktur wird durch die gleichartigen, gleichgerichteten Trieb- und Willenskräfte normiert oder schematisiert. Mit der weiteren Entwicklung zur Typisierung werden auch die technischen Hilfsmittel stetig vervollkommnet, um durch sie die Umwelt der Bewohner nach ihren Absichten und Zwecken zu gestalten. Die neugewonnene Veränderung schafft wiederum neue Aufgaben, weil die Erkenntnisobjekte zunehmen und die soziale Struktur sich wandelt.

Im Gegensatz zum gestaltenden Gemeinschaftsprozeß bietet die mechanisierte Zivilisation eine Nutznießung der bereits erworbenen Güter und Einrichtungen, so daß die eigene Leistung gering wird und dem Leben viele Schärfen genommen werden. Es spielen sich Psychoreflexe ein, die auch den Minderbegabten den Genuß der Annehmlichkeiten bieten. Unter den Psychopathen verschaffen sich besonders die Schwindler und Hochstapler Vorteile in der zivilisierten Gesellschaft. Trotz geistiger Unterwertigkeit vermögen sie sich durch dreistes Auftreten und Erfindungsreichtum im Betrügen oft jahrelang eine raffinierte Anerkennung oder ein bequemes Wohlleben zu verschaffen. Die forensische und Kriminalpsychologie sind voller Beispiele von Streichen kleiner und großer Abenteurer. Nur die gläubige Kritiklosigkeit der Mitmenschen und die skrupellose Routine der Schwindler ermöglichen eine Ausbeutung der Gesellschaft.

Dagegen fällt es dem intelligenten, aber ungewandten und mit den Technizismen nicht vertrauten Naturmenschen zunächst schwer, sich in dem fein abgestimmten Getriebe des zivilisierten Großstadtlebens zurechtzufinden. Er wirkt gegen den geistig minderwertigen Gauner unbeholfen, täppisch und linkisch, weil ihm die Routine fehlt und er sich in den ihm unbekannten Verhältnissen erst zurechtfinden muß, ehe er seine Hemmungen überwinden kann und seine Psychoreflexe sich einschleifen.

In das vorhandene Sozialgefüge wird jedes Individuum durch seine Geburt hineingestellt. Die ihm günstigste Konstellation kann es darin weder mittelbar, noch unmittelbar wählen, sondern wird zwangsläufig in seiner geistigen und sozialen Haltung durch die Ideen der Gesellschaft und noch stärker durch die der Gemeinschaft geprägt. Auch die erlauchtesten Geister sind daher als Kinder ihrer Zeit zu verstehen und müssen an sie ihren Tribut zahlen. Erst mit zunehmender Reife und Selbständigkeit versucht jeder Einzelne seine Position zu beziehen und entweder seine Individualität so weit wie möglich zu verteidigen oder im Gefüge aufzugehen. In ihren extremsten Erscheinungen, zwischen denen alle Variationen möglich sind, offenbaren die vielfachen Beziehungen zwischen Individuum und Gesellschaft bald den interindividuellen Abstand bis zur völligen Vereinsamung, bald die Verschmelzung des Einzelnen bis zur Preisgabe der Persönlichkeit, so daß er außerhalb seines Verbandes wie im Ameisenstaat nicht mehr existenzfähig erscheint. Diese Reaktionsweise bestimmt das soziale Verhalten oder die soziale Haltung des Menschen. Im Widerstreit zwischen den Polaritäten von Individualität und Kollektivität sucht der Einzelne seine Freiheit und Eigenart zu wahren ohne jedoch des Schutzes und der Hilfe seiner Gesellschaft entraten zu können.

Mehrfach wurde bereits der Versuch unternommen, den Entwicklungsgang praktisch umzukehren. Freiwillig oder unfreiwillig lösten sich Individuen oder kleine Gruppen aus dem Gesellschaftsverbande in der ehrlichen Absicht und mit dem festen Willen, den Schäden der Zivilisation zu entfliehen und eine ideale, staatenlose Gesellschaft zu gründen. Individuen aller Kreise und Stände sind vertreten, Gruppen phantasievoller Idealisten und Schiffsmannschaften, Einsiedler und Pietisten. Aber alle diese Unternehmungen endeten mit der Rückkehr in den alten Kreis der Gemeinschaft, weil sie nicht lebensfähig waren oder den Beginn einer Tyrannis brachten, die ärger war als jene, der man entgehen wollte. Sie blieben fesselnde Robinsonaden.

Die sich beim Einzelnen um die Brennpunkte von Individualwert und Kollektivwirkung ordnende Gesellschaftsauffassung ist ein Produkt der vorhandenen Gemeinschaftsform in wechselseitiger Wirkung. Sie wird bei uns gegenwärtig ausgetragen in den Auseinandersetzungen um die Gleichberechtigung von Mann und Frau wie auch um den davon nicht zu trennenden Charakter der Ehe als der Zelle für das Sozialgebilde. Je nach dem Standpunkte des Betrachters und seinem Blickwinkel zeigt sich seine Struktur mit den ambivalenten Teilinhalten. Dabei wird bald das eine, bald das andere Merkmal stärker betont, ohne daß grundsätzliche Verschiedenheiten aufzutreten brauchen.

Alle Strukturen der Gesellschaft lassen sich auf zwei Grundformen zurückführen, die Sippen und die Clane. In den Sippen entsteht aus dem bodenständigen Ackerbau das Bewußtsein der Gleichartigkeit und Gliedhaftigkeit, das seinen sichtbaren Ausdruck im pater familias und der durch ihn zusammengehaltenen patrimoniellen Familie und Gemeinde findet. Ihre Grenzen sondern nach außen ab und binden den Einzelnen und die sozialen Gruppen an den Stammvater, so daß alles Streben und jede Tätigkeit eine zentripetale Tendenz erfährt. Im Ahnen- und Familienkult sublimiert sie sich zu eschatologischen Jenseitsvorstellungen. Der Clan hingegen ist diesseitig eingestellt und erfüllt sich in der persönlichen Höchstleistung. Das Jäger- und

Hirtenleben verlangt von jedem eine ungeteilte Anspannung, weil er gerade in den Augenblicken größter Gefahr auf sich selbst gestellt bleibt. Im Erfolg liegt der Lohn, die Ehre und Anerkennung vor den Stammesgenossen; sie wird jedoch nach der Rückkehr vom Streifzuge durch die daheimgebliebene Stammesmutter erteilt. Es entwickelt sich zwanglos ein Matriarchat, während die Leistung zentrifugal strebt (232). Träger der Gedanken ist das Individuum in der Erkenntnis von Unterschieden in den Fähigkeiten. Unter den Anforderungen der weltweiten Aufgaben gleichen sich die soziologischen und sozialbiologischen Gegensätze trotz ihrer scharfen Kontraste in den Ausgangsphasen allmählich aus, und man bemüht sich, eine Gesellschaftsform neuer Prägung zu entwickeln, in der ein Persönlichkeitsanspruch mit sozialer Gerechtigkeit und ein Gesellungsprozeß mit individueller Spitzenleistung verbunden ist.

Die tägliche Beobachtung lehrt, daß kaum zwei Menschen einer geschlossenen Gemeinschaft in ihren Wahrnehmungen und Urteilen vollkommen übereinstimmen. Der gleiche Vorgang löst bei einer Gruppe von Individuen so verschiedene Reaktionen aus, daß die Schilderungen nicht nur in Begleitumständen, sondern in den Grundzügen voneinander abweichen, wie die Psychologie der Zeugenaussage immer wieder feststellt. Im einzelnen werden als Ursachen solcher Verschiedenheiten körperliche und seelische Unterschiede gefunden: Differenzen in Bau und Funktion der Sinnesorgane mit akustischen, visuellen, geruchlichen und taktilen Typen, Wirkungen von Hormonen, Fermenten, Giften und anderen, in winzigen Dosen umstimmenden Stoffen, Erziehung und Milieu, Gewohnheit und Übung, Neigungen und Charakteranlagen, Aufmerksamkeit und Ermüdung, Affekte und Affektprojektionen, Wünsche und Strebungen, Assoziationen und Reflexionen, Stimmungen und Stimmungsfärbungen.

Alle diese Unterschiede sind auf eine gemeinsame Formel zurückzuführen, nämlich auf verschiedene Stadien der ontogenetischen und phylogenetischen Entwicklung. Während der langen kosmischen Evolution werden von den Individuen gleicher und verschiedener Arten unterschiedliche Stufen erreicht, so daß nach den Prinzipien der Streuung innerhalb einer Spezies oder Gesellschaft frühe und späte Formen neben einer Fülle von Mittelgliedern der mannigfaltigsten Variationen erwartet und gefunden werden müssen. Die Unterschiede offenbaren sich somatisch und vor allem psychisch. Innerhalb eines Lebenskreises treten daher Niveaudifferenzen auf, die oft sehr beträchtlich sind und die sozialen Gegensätze verstärken.

Sieht man von den exzessiven Randerscheinungen ab, dann trifft man auf der mittleren Linie im Durchschnitt der normalen Gemeinschaft trotz aller Nivellierungen und Domestikationsvorgänge noch große Unterschiede an. Oberhalb und unterhalb des Durchschnittes werden sich im sozialen Gefüge stets eine Reihe von Typen nachweisen lassen, die uns als Geisteskranke, Rechtsbrecher und Verbrecher, Asoziale und Psychopathen, Bummler, Bettler und Landstreicher, Egoisten und Geizhälse, Sonderlinge, Revolutionäre und Bohemiens, Talente und Genies bekannt sind (43). Sie alle sind verschiedene Entwicklungsstadien des Menschen und im besonderen des Sozialmenschen.

Erst die Festigung des Gemeinschaftslebens ermöglicht den Bestand einer solchen Fülle von Typen. In einem einfachen, begrenzten, aus Herkommen und Instinkt entstandenen Gemeinschaftswesen sind sie nicht existenzfähig, sondern werden ausgeschaltet, wenn sie sich nicht mit ihrer ganzen Persönlichkeit einzuordnen vermögen. Das Individuum wird durch das soziale Milieu geprägt, aber auch getragen. Dieses bietet ihm erst die Gelegenheit, einzelne Seiten seines Temperaments, seiner Charakteranlage und seiner Fähigkeiten zu erproben und zu entfalten.

Nach der Einordnung des Individuums in die Gesellschaft und seiner Einstellung zu anderen Gemeinschaftskreisen lassen sich drei Kategorien unterscheiden:

1. das katanome Verhalten (κατὰ τὸν νόμον), wenn sich der Einzelne in der eigenen Gesellschaft nach ihren Gesetzen, Sitten, Bräuchen und Gewohnheiten richtet, sich in ihre Struktur einfügt;
2. den paranomen Gegensatz (παρὰ τὸν νόμον), der bei asozialen und antisozialen Naturen auftritt und eine Störung, einen Bruch der gefügten Sozialordnung darstellt;
3. die allonome Auffassung (ἄλλοι νόμοι) fremder Gesellschaftsbezirke oder Völker, die kein Verständnis für andere Eigenart, Entwicklung, soziologische Struktur und Rechtslage aufbringt und darum die hauptsächlichste Quelle für Differenzen, Reibungen, Auseinandersetzungen und Kriege bildet.

Innerhalb der eigenen Gesellschaft kann sich das Individuum bei katanomen Verhalten einfügen als

a) homonom, wenn es sich mit Gleichgesinnten und vor allem den Besten auf gleiche Stufe stellt,
b) hypernom, wenn es bestimmen, beherrschen und den Fortschritt fördern will,
c) hyponom, wenn es sich nach Veranlagung und Leistung dienend unterordnet.

3. Determinismus und Indeterminismus

Entsprechend den Polaritäten und Brennpunkten im sozialen Vorgang wird das Handeln des Menschen durch zwei Aktionsströme bestimmt, nämlich durch die biodynamischen, immanenten Kräfte des Einzelnen und die induktiven Ausstrahlungen der Gesellschaft, also durch Aktion und Reaktion. In ihren Wirkungen bilden sie ein Kräfteparallelogramm, das nach Umfang und Reichweite individuell verschieden ist. In diesen Grenzen liegt die persönliche Freiheit eingeschlossen. Je nach dem Standpunkt des kritischen Betrachters erscheint eine Handlung als freigewollt oder erzwungen, als indeterminiert oder determiniert, als different oder indifferent.

Die beiden Urteile des Determinismus und Indeterminismus messen jedoch mit zwei verschiedenen Maßstäben und lassen sich darum miteinander nicht vergleichen. Jener sieht den Menschen als Teil des Weltganzen mit den in ihm wirksamen Kräften und Gesetzmäßigkeiten, dieser erkennt im Individuum ein dem Nächsten gleichverpflichtetes und gleichberechtigtes Glied der Gemeinschaft und seiner gewollten Ordnung. Der erste Standpunkt macht sich die Kausalität des Naturgeschehens zu eigen, der zweite verlangt die untadlige soziale Haltung (233).

Die Willensfreiheit findet ihre Grenze an dem Postulat der Kausalität und ist wiederum ein Attribut der Soziologie. Diese Relativität beruht auf den verschiedenen Werten, auf denen die Ansichten aufgebaut sind. Das mechanische und physikalische Geschehen verläuft nach den Gesetzen von Ursache und Wirkung, die psychischen Vorgänge lassen sich auf Reize und Effekte zurückführen. Als Reflextätigkeit sind sie determiniert und bedürfen „eines Anstoßes, eines Anlasses, einer Ursache für jegliche gegebene Wirkung, jeden

Effekt". Die Gesamttätigkeit des Organismus wird zergliedert „in Einzeltätigkeiten", wobei diese „sowohl mit den inneren als auch mit den äußeren Einwirkungen in Verbindung" gebracht und dann wieder miteinander vereinigt werden, so daß „auch die Wechselwirkung des Organismus mit der umgebenden Umwelt verständlich wird" (234). Jedesmal liegt eine kausale Reihe zugrunde. „Das Hineinpressen der Idee eines Zieles" in diese Mechanismen ist „eine grundsätzliche Verwechslung verschiedener Dinge und ein Hindernis" für eine „fruchtbringende Forschung" (234).

Auch die persönlichen, gesellschaftlichen und staatlichen Pflichten sind Bedingungen, die dem Menschen gestellt werden „und in ihm eine entsprechende Reaktion" hervorrufen (234). Aber das soziologische Urteil stützt sich auf die Erkenntnisfähigkeit für Recht und Unrecht, auf die Bewertung einer gegebenen Konstellation. Als Teil einer Gesellschaft besitzt der Mensch insoweit einen freien, indeterminierten Willen, als er den Gemeinschaftsregeln zu folgen oder auszuweichen vermag. Die Projektion des Makrokosmos auf den Mikrokosmos wirkt verkleinernd. In soziologischer Schau kann es nur eine Freiheit von autonomen, individualistischen Triebrichtungen dieser oder jener Art oder aber nur eine Freiheit von mancherlei Bindungen an Gesellschaft und Gemeinschaft geben. Man kann z. B. frei sein von Vorurteilen, Argwohn, Genußsucht, Ruhmsucht, Machthunger oder Unterwürfigkeit, nicht aber von allen Antrieben, Impulsen, Tendenzen und Strebungen, weil es ein absolutes, beziehungs- und gesellschaftsloses Individuum nicht gibt (43, 235).

Die Kontrolle über das normgerechte Handeln und Verhalten des Menschen innerhalb der begründeten Gemeinschaft übernimmt das Gerechtigkeitsgefühl und übt damit die Funktion des „sozialen Gewissens" aus; denn die Gerechtigkeit basiert auf soziologischen Prinzipien. Ihre Verleugnung zieht Furcht vor Strafe oder vor gesellschaftlicher Diskreditierung nach sich. Wie die soziologische Willensfreiheit ist auch die Gerechtigkeit ein Attribut der Gemeinschaft. Sie ist darum ein interindividueller Maßstab vor den Gesetzen und dem Sittenkodex. Das Gewissen unterscheidet sich von ihr durch die überindividuelle Wertung. Seine Maße sind größer, schärfer, kompromißloser und kennen nur das Urteil gut oder schlecht. Auf soziologische Maximen spricht es nicht an. Daher kommt es für die Kausalität des Willens und ihrer praktischen Bewertung nicht darauf an, ob man mit den Aprioristen annehmen will, das Gewissen sei bei allen Menschen und zu allen Zeiten unverändert gleich oder mit den Empirikern überzeugt ist, es verhalte sich bei verschiedenen Völkern verschieden und passe sich der sozialen, kulturellen, sittlichen und religiösen Entwicklung an. Die Erfahrung spricht dafür, daß es nicht unfehlbar ist und eingeschläfert werden kann. Es bedarf der Übung und kann sich auch als höchste Autorität noch vervollkommnen, schärfer und zuverlässiger werden (236).

4. Selbständigkeit und soziale Sicherheit

Mit zunehmender Siedlungsdichte und engerer Verknüpfung des sozialen Gefüges wird die Selbständigkeit des Individuums immer problematischer, immer geringer (237, 238). Die Verteilung der Tätigkeiten, Leistungen und Verantwortung auf viele Schultern befreit wohl den Einzelnen von unzweckmäßigen Lasten, legt ihm dafür jedoch neue Aufgaben auf. Den „ökonomischeren Verbrauch von Mensch und Menschheit" nennt NIETZSCHE die „Verkleinerung des Menschen", der in einer bevorstehenden Wirtschafts-Gesamtverwaltung und im Dienste dieser Maschinerie seinen besten Sinn findet „als ein ungeheures Räderwerk von immer kleineren, immer feiner ‚anzupassenden' Rädern; als ein immer wachsendes Überflüssigwerden aller dominierenden und kommandierenden Elemente; als ein Ganzes von ungeheurer Kraft, dessen einzelne Faktoren Minimalkräfte, Minimalwerte darstellen" (239).

Dafür erhält er die gemeinsame Sicherheit und das Sicherheitsgefühl der Gesellschaft mit der Mahnung: „Sind wir denn bei einer solchen ungeheuren Absichtlichkeit, dem Leben alle Schärfen und Kanten abzureiben, nicht auf dem besten Wege, die Menschheit zu Sand zu machen? Sand! Kleiner, weicher, runder, unendlicher Sand!" (240).

Im Konflikt mit der Gesellschaft wird das Individuum nur selten und auch dann nur vorübergehend seine Position behaupten können; meist aber endet der ungleiche Kampf mit einer Niederlage oder Resignation: einem Untergang bei kraftvollen Naturen oder einer Vereinsamung bei intuitiven Charakteren. Auch die größten und bedeutendsten Köpfe aller Länder und Zeiten haben ihr heroisches Opfer für die Gemeinschaft gebracht (68, 241, 242). Von jedem unter ihnen kann man sagen: „So tauscht er die tiefe Einsicht seines Schicksals gegen die göttliche Lust des Schaffenden und Helfenden ein und endet als einsamer Wissender ... Es ist ein schmerzliches Schauspiel" (243). „Inzwischen bleibt selbst die Frage unbeantwortet, ob man dem anderen mehr nützt, indem man ihm unmittelbar fortwährend beispringt und hilft — was doch nur sehr oberflächlich geschehen kann, wo es nicht zu einem tyrannischen Übergreifen und Umbilden wird — oder indem man aus sich selber etwas formt, was der andere mit Genuß sieht, etwa einen schönen, ruhigen, in sich abgeschlossenen Garten, welcher hohe Mauern gegen Stürme und den Staub der Landstraßen, aber auch eine gastfreundliche Pforte hat" (240). Das Recht zu leben und die Pflicht zu leben wird nicht durch Almosen oder Gnadenerweise gewährleistet, sondern durch das Recht zu arbeiten und die Pflicht zu arbeiten, weil nur dann der angemessene Lebensstandard und die Freude am Leben gesichert wird. Zum vollwertigen, gleichberechtigten Mitglied der Gesellschaft gehört nicht die Forderung, jedem das gleiche zu bieten, sondern das Angemessene: Jeder nach seinen Fähigkeiten, jedem nach seinen Bedürfnissen.

5. Soziale Umschichtungen

Einer Erstarrung der gleichsam im Zeitstrom und natürlichen Wohnraum eingebetteten Gemeinwesen wirken die friedlichen Beziehungen und streitbaren *Begegnungen* mit anderen Völkern entgegen. Tausch und Handel, Besuche und Gesandtschaften, Freundschaftsbezeugungen und Hilfeleistungen gewähren Einblicke in andere Einrichtungen und regen zum Vergleich, zur Auswahl, Modulation und Modifikation an. Aber auch der Gegensatz und die Streitbarkeit lassen verhaltene Fähigkeiten und Kräfte hervorbrechen, die nach ihrer Rückkehr in geordnete Bahnen zu Quellen für neue Gestaltungen werden. Im Wechsel solcher Gezeiten erfährt die Gemeinschaft auch innere Umschichtungen und lernt, daß die Gerechtigkeit größer und der Instinkt zur Gewalt schwächer werden muß. Die „tägliche Abgabe von dem Kopf- und Herzkapitale jedes Bürgers, die Summe aller dieser Opfer und Einbußen an individueller Energie und Arbeit", welche Krieg und Kriegsbereitschaft erfordert, muß dem öffentlichen Wohle nutzbar gemacht werden (244).

In den Umschichtungen treten alle Schattierungen und Mischungen zwischen autonomer Persönlichkeit und heteronomem Sozialwesen auf. Der Rationalismus fördert zweckbewußt die Spezialisierung der Individualität, entwickelt vorhandene Fähigkeiten und trainiert sie zum Virtuosentum, selbst auf Kosten einer geschlossenen Persönlichkeit. Der Irrationalismus formt die Menschen nach seinen Zwecken und Zielen, baut eine strenge Hierarchie auf, in der es Herrscher und Beherrschte, Herren und Diener gibt. Einer willenlosen Domestikation wirkt jedoch der Cant, die Tarnung, die Heuchelei, das bewußte oder gewohnheitsmäßige Vortäuschen einer korrekten, biederen Einstellung und Handlungsweise, die beherrschte Sozialhaltung und Sozialmimik entgegen, um schließlich aus Gruppen, die ihre Persönlichkeitsprägung noch nicht verloren haben, neue Triebkräfte aus der zurückgehaltenen Dynamik des Ressentiments freizugeben.

In der Mitte zwischen autonomer Individualität mit hedonischer Einstellung und heteronomem Sozialwesen in pflichttreuer Geborgenheit steht die ausgeglichene soziale Persönlichkeit mit Aufgeschlossenheit, Rationalität, Fleiß, Mut und Aufbautalent. Der autonome Individualismus versteigt sich leicht zu selbstgefälligem Autismus mit Färbung der Umwelt durch Affektprojektion, zu Weltverbesserungsgeist oder bedenkenloser Genußsucht. Im Glückswinkel dienender Beschaulichkeit gedeihen satte Genügsamkeit, phlegmatische Bequemlichkeit und stumpfe Empfindungslosigkeit bis zur Verwahrlosung.

6. Kultur- und Zivilisationskrankheiten

Aus solchen Anlagen erwachsen in krankhafter Steigerung die *Kultur- oder besser Zivilisationskrankheiten*, die genetisch aus sozialpathologischen Zuständen zu erklären sind. Sie zeigen sich vor allem an der Auffassung von den drei Grundpflichten des Lebens: dem Beruf, der Ehe und der Gemeinschaft. Affektstauungen und Affektprojektionen verändern Form und Farbe der Umgebung, verleihen den Erscheinungen, Erlebnissen und Dingen eine zwielichtige Ambivalenz und schaffen überwertige Ideen oder gefühlsbetonte, hartnäckige Komplexe. In solchen Verfassungen sucht der Gepeinigte in autistischem Wunschtraum nach einem Ersatzglück, resigniert in stoischer Selbstverleugnung, flüchtet in Verdrängung und Verstellung oder entlädt sich in explosiven Reaktionen oder Kurzschlußhandlungen.

Nur im Wechselspiel von Individuum und Gemeinschaft haben Anerkennung, Ansehen, Ehre und Ruhm ihren Wert. Auch er ist relativ und nur eine Signatur der Persönlichkeit, eine Kursmünze, deren Wert auf dem Vertrauen der Gemeinschaft begründet ist und eine soziologische Kreditwirtschaft ermöglicht. Der Einzelne und insbesondere die Persönlichkeit wird mit einer Note versehen, die den anderen Menschen — mit Recht oder Unrecht — eine Einschätzung ohne Nachprüfung gestatten soll. Ändert sich jedoch die Struktur des Gemeinwesens, sein Gehalt oder seine Konstellation, dann ändert sich auch zwangsläufig der Wertmaßstab. Dann wird es notwendig, auf die biologischen Anlagen und natürlichen Kräfte zurückzugehen, um die verschütteten Grundlagen wieder aufzudecken.

VIII. Sozialphysiologie und Sozialpathologie

1. Der Sozialprozeß

Durch seine Tätigkeit und mit Hilfe der von ihm geschaffenen Technik gestaltet der Mensch die „natürliche Umwelt" zur „sozialen Umwelt". Aber auch die von ihm geschaffenen Veränderungen wirken in der Folge auf ihn zurück, und zwar um so stärker, je größer seine gesellschaftliche Bindung wird. Die *Einflüsse* lassen sich in eine Reihe von Hauptfaktoren zerlegen, deren *Wechselspiel* in Gegensatz und Ausgleich zu erforschen ist. Solche Momente sind Arbeit und Beruf, Wohnung und Kleidung, Ernährung und Lebensführung, Familie und Verbände, Umwelt und Veranlagung, Erholung und Freizeit. Innerhalb der gesamten Menschheit werden auf diese Weise umgrenzte „Sozialkörper" mit differenzierter Gesellschaftsstruktur geschaffen, die sich dadurch aus der universellen Einheit und Ähnlichkeit hervorheben. Die überall gleichartig angelegten und wirkenden Triebe und Willenskräfte werden durch den plastischen Druck der Umgebung abgewandelt (16, 76, 80). Das natürliche Wirklichkeitsbild des Wohn- und Lebensraumes wird zum künstlichen Milieu modifiziert und zum Idealbild gesteigert, das die Wirklichkeit verdrängt und ein Treibhausklima entstehen läßt. In sozialpsychologischer Sicht verwandelt sich der Objektivismus zum Subjektivismus.

In diesem *Sozialprozeß* werden die Unterschiede zwischen Persönlichkeit und Gesellschaft fühl- und sichtbar, können sogar in der Polarität zwischen Individuum und Sozialwesen störend auftreten. Dieser Gegensatz läßt sich genetisch auf die Erbanlagen und die Umwelteinflüsse zurückführen. Dabei sind die Gene das die Konstanz sichernde konservative Element, während die variablen Faktoren der Umwelt, der Erziehung und der Gesellschaft die Veränderungen bewirken. Die Erfahrungen und experimentellen Untersuchungen der Sozialbiologie erweisen, daß der Organismus ein offenes System ist und durch seine Stoffwechsel- und Energievorgänge in steter Wechselbeziehung zur Umwelt steht. Infolgedessen erfolgen Modifikationen so lange, als eine Reaktionsfähigkeit besteht, in der Regel bis zum Tode, mindestens aber bis ins hohe Alter. Das Leben ist eben ein „Geschehen", aber kein „Sein" (245), eine „bleibende Spannung" (246).

So ist es zu verstehen, daß jede Kultur- und Sozialepoche ihre eigenen spezifischen *Erkrankungsformen* ebenso wie ihre adäquaten geistigen Abwegigkeiten aufwies: Das Mittelalter zeigte Wahnepidemien, wie Hexenprozesse, Flagellantenzüge und Veitstanz, im Industriealter entstanden in kontrastierender Ergänzung Schatzgräberwut neben Verarmungskomplexen, die Gründerzeit veranlaßte Psychosen und Selbstmorde, die Gegenwart wird beherrscht durch Organneurosen. Für diese entspringen die Quellen aus drei Bereichen: aus dem Zwange zur Selbstbehauptung, aus dem Besitz- und Machtstreben sowie aus einem sexuellen und erotischen Vollgefühl. Auch die alten Kirchenväter kannten diese Antriebe; denn sie empfahlen als Gegenmittel die Gelübde von Armut, Gehorsam und Keuschheit. Für den Einzelnen beginnen die Schwierigkeiten erst, wenn er mit den Gegebenheiten seiner Umgebung nicht fertig wird, wenn sich seine biologische Konstitution der sozialen, kulturellen und zivilisatorischen Umwelt nicht anzupassen vermag. Die seelische Hygiene und praktische Lebensführung entnimmt daraus drei Aufgaben in der Gegenwart: die Stärkung des Selbstbewußtseins, die Weckung eines nachbarlichen Verständnisses und die Beherrschung einer Lebensaufgabe. Das Selbstbewußtsein übt sich zunächst in der Freude an den kleinen Gaben des Alltags und im Mut zur Wahrheit bis es aufsteigen kann zu einer gleichmäßigen, gehaltenen Stimmung, zum Gefühl von Wohlbefinden und von Sicherheit der Selbstachtung. Wie im Bereiche des Geistes die Wahrheit und im Bereiche des Bewußtseins die Richtigkeit ordnend herrschen muß, so muß im Bereiche der Triebe die Echtheit und im Vitalbereiche die Natürlichkeit regieren. Das nachbarliche Verständnis beginnt mit der Würdigung des Nächsten und seiner Anliegen und strebt nach freundschaftlichen Beziehungen und schließlich nach einer sozialen Haltung, wie sie dem Partner einer Gemeinschaft zukommt. Zur Beherrschung einer Lebensaufgabe muß zuvörderst die Scheu vor den Pflichten und ihrer Verantwortungsbürde abgelegt werden. Dann folgen die vorausschauende Planung, das Sammeln von neuen Erkenntnissen und Einfällen, die Pflege des Common sense, das energische Anfassen neuer Aufgaben und der Wille, konkurrenzfähig zu bleiben. In ähnlichem Sinne faßte Goethe diese drei Aufgaben auf, wenn er von den drei Ehrfurchten sprach: von der Ehrfurcht vor dem Höchsten, vor sich selbst und vor dem Nächsten.

Das Gefühl der Unzulänglichkeit und das Bewußtsein der Minderleistung oder Überforderung ist nicht nur beim einzelnen Menschen anzutreffen, sondern kann auch die Reaktionen eines Kollektivs, einer Gruppe, einer Rasse, eines Volkes bestimmen. Der Einzelne versucht entweder die Fassade einer gespielten Sicherheit zu wahren und die bestehende Unterwertigkeit durch fast krankhafte Überkompensationen auszugleichen, oder aber ihr durch eine Flucht in die Geborgenheit zu entrinnen. Durch Versuche an Gruppen jüdischer und italienischer Auswanderer bewies O. Brachfeld (247), daß die Gebärden und Gesten, die gefilmt und sodann in Kurven aufgezeichnet wurden, erst nach einer verschieden langen Zeit zur Ruhe zurückkehrten. Bei den Italienern waren die Störungsveränderungen nicht wesentlich und nahmen bald nach der Einwanderung wieder ihren ursprünglichen harmonischen Charakter an. Dagegen behielten die Gebärdenkurven der jüdischen Gruppe lange Zeit ihre unruhige Zickzacktendenz bei und glichen sich erst nach langjähriger Assimilierung an die neue Heimat aus.

Die soziale und kulturelle Aufgabe steht also vor einer ununterbrochenen Kette von Prozessen und Kraftproben, in denen die Kämpfer ungleich wachsen. Sie bietet niemals Ruhe, Abschluß oder Vollendung, sondern verlangt fortwährend Handlung, Tätigkeit und Entwicklung. Das Maß der sozialbiologischen Leistung bleibt die dynamische Bewegung, die Motorik, aber nicht der Verharrungszustand, die Statik. In dieses Werden und Geschehen mischen sich darum auch Disharmonien oder Unausgeglichenheiten hinein, und es ist überraschend, mit wie vielen Inkonsequenzen der Mensch in seinem Leben spielend fertig wird (248).

2. Biodynamik und Triebe

Alle fundamentalen Ausdrucksformen des Lebenswillens werden von Lust oder Unlust begleitet. Auf diesen liegt der Akzent für die Gestaltung, für Erfolg oder Mißerfolg. Der antagonistische Rhythmus von Antrieb und Beharrung, das unablässige Spiel von Widerstand und Vordringen regt bald die Unlust und bald die Lust an. Die entscheidenden Faktoren der *Biodynamik* erstrecken sich auf die Nahrungssicherung, den Gefahrenschutz und die Gesellung. Ihre Steuerung übernehmen die Antriebe von Selbsterhaltung, Selbstverteidigung und Sexualität; sie dienen damit in soziologischer Wirkung dem Beharren, dem Kampf und der Arterhaltung wie sie als materielle Leistung im Besitz, im Erwerb und im Erbe erscheinen.

Von diesen Antrieben sagt NIETZSCHE:

„Was ist ‚aktiv' ? — nach Macht ausgreifend. ‚Ernährung' — ist nur abgeleitet; das Ursprüngliche ist: Alles in sich einschließen wollen. ‚Zeugung' — nur abgeleitet; ursprünglich: wo Ein Wille nicht ausreicht, das gesamte Angeeignete zu organisieren, tritt ein Gegenwille in Kraft, der die Loslösung vornimmt, ein neues Organisationszentrum, nach einem Kampfe mit dem ursprünglichen Willen. ‚Lust' — als Machtgefühl (die Unlust voraussetzend)" (249).

Und in konkreter Auffassung vom „Kampf der Zellen und Gewebe" erklärt er:

„‚Ernährung' nur eine Konsequenz der unersättlichen Aneignung, des Willens zur Macht.

Die ‚Zeugung', der Zerfall eintretend bei der Ohnmacht der herrschenden Zellen, das Angeeignete zu organisieren.

Die gestaltende Kraft ist es, die immer neuen ‚Stoff' (noch mehr ‚Kraft') vorrätig haben will. Das Meisterstück des Aufbaus eines Organismus aus dem Ei" (250).

Auch nach NIETZSCHE wirken somit die Triebe als

1. „Ernährung", die alles in sich einschließen will, als unersättliche Aneignung in körperlichem und geistigem Sinne;
2. „gestaltende Kraft", als Aktivität, die immer neuen Stoff vorrätig haben will, nach Erfolg ausgreift und gegen alle anderen Kräfte widerstrebt;
3. „Zeugung", die einen Gegenwillen noch im Zerfall schafft, wenn die tätigen Zellen und ihr Lebenswille nicht ausreichen, um das Angeeignete zu assimilieren und zu organisieren. Der Drang nach Varietät, Differenzierung, innerlichem Zerfall spricht für einen Überschuß an Kraft und Vitalität, während die Schwäche zum Bewahren und zur Einheit strebt.

Die *biodynamischen Grundenergien* dienen der Erhaltung, der Entfaltung und der Gestaltung des Lebens. Sie beruhen physiologisch auf dem Stoffwechsel, dem Energiewechsel und dem Formwechsel. Nach Qualität und Quantität sind sie individuell verschieden stark ausgeprägt. Daher ist der biologische Leistungswert verschiedener Gemeinschaftskreise ebenfalls verschieden. Aber auch innerhalb einer Gemeinschaft sind die einzelnen biologischen Fähigkeiten nicht gleichmäßig verteilt, sondern erfordern eine gegenseitige Ergänzung und Unterstützung.

Eine schematische Übersicht läßt die Zusammenhänge überblicken:

Antrieb	Biodynamik	Physiolog. Korrelat	Psychisch. Korrelat	Affektivität	Soziolog. Äquival.	Materielle Leistung
Selbsterhaltung	Erhaltung	Stoffwechsel	Zufriedenheit	Lust	Beharren	Besitz
Selbstverteidigung	Entfaltung	Energiewechsel	Unzufriedenheit	Unlust	Kampf	Erwerb
Sexualität	Gestaltung	Formwechsel	Geselligkeit	Ambivalenz	Arterhaltung	Erbe

Diese unterbewußten Antriebe sind die primär wirkenden Kräfte, während das **Bewußtsein** erst sekundär auftritt. Dieses hat auszuwählen und zu verzögern, in unbehaglicher Ratlosigkeit Zeit zu gewinnen und etwas Neues zu versuchen. „In Hinsicht auf Auslösung des Willens ist das oberflächlichste, vereinfachteste Denken das am meisten nützliche. ... Die Präzision des Handelns steht in Antagonismus mit der weitblickenden und oft ungewiß urteilenden Vorsorglichkeit: letztere durch den tieferen Instinkt geführt" (251). Das Bewußtsein ist in der Rangordnung „nur das Zweit-Wichtige", ein „Werkzeug" der Hemmung, „und in Anbetracht, wieviel und großes ohne Bewußtsein geleistet wird, nicht das nötigste, noch das bewunderungswürdigste — im Gegenteil: vielleicht gibt es kein so schlecht entwickeltes Organ, kein so vielfach fehlerhaft arbeitendes: es ist eben das letztentstandene Organ, und also noch ein Kind" (252).

Trotz ihrer homologen Übereinstimmung können die Instinkte und Triebe durch Übung wie auch durch Erfahrung modifiziert, gesteigert, geschärft werden. Sie gelten im Prinzip für alle Lebewesen, für Pflanzen, Tiere und Menschen. Unter gleichen Bedingungen wirken sie bei allen normalen Individuen der gleichen Art ohne vorheriges Erlernen gleich. Die verschiedene Intensität und Wirkung beruht auf körperlichen Unterschieden, insbesondere in der Funktion der Sinnesorgane und der Verarbeitung der durch sie vermittelten Eindrücke. Der im Grunde mechanische Ablauf der Antriebe und vitalen Grundfunktionen ist den natürlichen, durch äußere Eingriffe künstlich nicht veränderten Milieubedingungen bis in die kleinsten Einzelheiten zweckmäßig angepaßt. Ein Zweckbewußtsein ist mit ihnen in der Regel aber nicht verbunden. Erfahrung und assoziatives Gedächtnis lassen zwar eine bewußte Einwirkung auf den Ablauf der Antriebe im Sinne einer Steigerung oder Abschwächung zu, doch ist der Anteil des Unbewußten immer größer als der bewußter oder gewollter Einflüsse. Daher pflegen sich die kritischen Erwägungen gewöhnlich erst nachträglich einzustellen, um das zweckmäßige Verhalten im gegebenen Augenblick zu bestätigen. Die Antriebe wirken eben autoritär und sind darum dem Bewußtsein überlegen. Aber der moderne, selbstbewußte Mensch neigt dazu, ihre Macht zu unterschätzen, er übersieht, verdrängt und verneint sie, weil er seine Ideale, seine Welt- und Wertanschauung auf Wissensformeln aufbauen möchte. Im entscheidenden Augenblick kämpft er gleichwohl ohne Erfolg gegen sie an und bescheidet sich mit der Routine einer philanthropischen Konvention, die so wirkt, „als ob man inmitten der Stille einer Kathedrale überraschend unerwartet die Pfeifen eines Pan plötzlich nahen hörte, um den Menschen vom Himmel zu befreien" (253).

Trotz Mystik und Rationalismus dominieren die Triebe als Grundkräfte und äußern sich im Selbstwerterlebnis, in der Affektspannung und im Gefühl des Leistungsunterschiedes gegen andere. Niemals wirkt sich jedoch im Lebensgefühl ein einzelner Trieb, Impuls oder Psychoreflex aus, sondern stets eine Mehrzahl oder Vielzahl von Motivkomponenten, ein Motivbündel. In diesem sucht die Mystik als Denkform zu ordnen, während der Rationalismus bestimmte Motive auswählt. Er ist somit die Vorstufe des wissenschaftlichen, kausalen Denkens.

Von den biodynamischen Grundenergien, die der Erhaltung, Entfaltung und Gestaltung des Lebens dienen, sichert der **Nahrungstrieb** die Selbsterhaltung und den Stoffwechsel. Der somatische Anteil wird ergänzt durch den zugehörigen Reinlichkeitssinn und die Schmuckfreude auf psychosomatischem Gebiet. Wie sich Änderungen des Stoffwechsels zur Fortpflanzungszeit oder auch Erregungszustände bei den Tieren in Färbungen der Haut und insbesondere im Hochzeitskleid der Vögel ausprägen, so drängen Schönheitssinn und Schmuckfreude auch den Menschen zum Ausdruck von Gemütsbewegungen.

Zur Sicherung von Ernährung und Lebensraum wurden früher und werden noch heute von den meisten Tieren, von Insekten, Land- und Wassertieren, Vögeln und Anthropoiden weite Wanderungen unternommen. Aber auch bei den Menschen sind sie das Urtümliche, während die Seßhaftigkeit sich erst bei einer Zwangslage einstellte, wenn die Wander-, Ausweich- oder Rückzugswege verlegt oder abgeschnitten waren. Sie entwickelte sich zu einer sekundären Domestikation, wie wir sie auch bei Tieren, vor allem bei ortsfest gewordenen Zugvögeln beobachten können.

Die wichtigsten völkergeschichtlichen Wanderungen führten Stämme und Völker, die nach Zehntausenden zu zählen waren, auf den Weg. Schon aus technischen Gründen konnten solche Züge kaum mehr als 20000 bis 40000 Menschen umfassen. Eine nachhaltige sozialbiologische und kulturelle Bedeutung hatten vor allem fünf:

1. die Wanderung der Indogermanen nach Südeuropa und Asien;
2. die Ausbreitung der Slawen nach Süden und Westen;
3. die Besiedlung Amerikas durch die aus Südasien ostwärts aufbrechenden Indianer;
4. die Umgestaltung Altamerikas nach der Entdeckung durch KOLUMBUS;
5. die Kolonisierung Afrikas durch europäische Völker.

Die Völkerbewegungen in der Gegenwart sind im Vergleich dazu Massenwanderungen, die Millionen von Menschen erfassen und zwingen, einen neuen Wohnsitz zu suchen. Die Aktion „Heim ins Reich“ von 1939 bis 1941 führte 724000 Deutsche aus der Peripherie Deutschlands in das Zentralgebiet. In die Bewegung des Rüstungsprozesses gerieten rund 11 Millionen Europäer. Nach 1945 treckten in Europa etwa 12 Millionen als Flüchtlinge, Heimatvertriebene oder Umsiedler, davon 2 Millionen Deutsche. Die weltweite Bedeutung des Problems geht aus den Feststellungen amerikanischer Stellen und den statistischen Ermittlungen des Caritas-Verbandes hervor. Danach mußten in den Jahren 1939 bis 1952 fast 60 Millionen Menschen auf der ganzen Erde eine neue Heimat suchen. Gegen diese gewaltigen Völkerverschiebungen verblaßt die berühmte Völkerwanderung um 375 n. Chr., obwohl sie unübersehbare soziale und kulturelle Veränderungen auslöste und ein neues Zeitalter heraufführte.

In der Gegenwart stehen wir erst vor einem Aufbruch zu einer Umgestaltung unseres sozialen Lebens. Wir können die Bedeutung dieser Wanderungen als eines Kulturfaktors von unermeßlicher Kraft nur ahnen, aber noch nicht abschätzen. Ihre Dynamik können wir aus dem Verhalten in Notlagen ermessen, die sich in zwei Haupterscheinungen darbieten: in Naturkatastrophen und im Zusammenprall von Völkern. Die Gefahr und Todesfurcht wird durch List und Erfindung überwunden, um wieder einen Standard mit Wohlbehagen und Bequemlichkeit zu erlangen. Bei den Völkerbewegungen werden die Kräfte miteinander gemessen: es erfolgt entweder ein friedliches Lernen oder eine gewaltsame Auseinandersetzung. Handel und Güteraustausch zwischen seßhaften Völkern sind erst sekundäre Erscheinungen. Sie kehren den Wandertrieb um, indem Nahrung und Bedarf zum seßhaften Menschen gebracht werden, solange Technik und guter Wille dies zulassen. Die elementaren Antriebe brechen wieder hervor, sobald sich Hindernisse einstellen.

Den dabei auftretenden Gefahren begegnen die Kräfte der *Selbstverteidigung*, die aus dem angefachten Energiewechsel entspringen und ihren psychischen Ausdruck im Erlebnis des Selbstwertes finden. Die lustbetonte Freude am Leben will sich nicht einengen lassen durch eine unlusterfüllte Affektspannung; vielmehr strebt der erwachte Gefahrenschutz, die Ungunst des Milieus zu überwinden und das früher Erreichte nicht nur zu bewahren, sondern möglichst neue Werte zu erwerben, seine Existenzgrundlage zu erweitern und zu entfalten.

Die natürliche Taktik des Individuums bedient sich hierzu teils der Abwehr und des Angriffs, teils der Vorsicht und Zurückhaltung. Auch bei den stärksten Lebewesen werden zunächst die passiven Schutztendenzen ausgelöst, wie sie in der Fluchtbereitschaft, im Verbergen, in Schutzfarben und Schutzformen, in der Mimikry, in Schreckfarben und Schreckstellungen vorliegen. Sie werden nach Stärke, Körperverfassung und Temperament, aber auch nach der Gefahrengröße und den Zufluchtsmöglichkeiten der Umgebung angewendet. Erfahrung und Übung vermögen den Gefahreninstinkt zu verfeinern, wie wir es bei Tieren und Menschen zu beobachten vermögen. Bei diesen äußert er sich passiv als Ausweichen, Verbergen, Zurückhaltung, Regression und Igelstellung, aktiv als Streitbarkeit, Forsche, Schroffheit und Ellenbogentechnik. Die Selbstverteidigung, wie sie der Jäger- und Hirtenkodex nach den biodynamischen Gesetzen der freien Wildbahn entwickelt hat, wird in geschlossenen Staaten und unter der Zivilisation reduziert, und zwar einerseits zur Jurisdiktion als Urteilsspruch der Gemeinschaft, andererseits zur Bewährung durch Anpassung und sozialfügsame Leistung. Dies wird um so schwieriger zu erreichen sein, je ausgeprägter das individuelle Selbstbewußtsein ist.

Aus dem Erlebnis des Unterschiedes gegen andere, der Erkenntnis von den Grenzen der eigenen Wirksamkeit und der Arbeitserleichterung durch dritte Hilfe entspringt der *Gesellungstrieb*, das Bedürfnis nach Anlehnung und Geselligkeit. Er beginnt schon früh in der Kinderzeit und wird angeregt durch den Spieltrieb ohne mit ihm identisch oder zwangsläufig verknüpft zu sein. Mit zunehmender Reife wird er überlagert durch den Sexualtrieb, der als Voraussetzung und Vorstufe der Familienbildung wirksam wird. Eine absinkende Familientradition über die Kurve der aufsteigenden, erhaltenden und abfallenden Leistung erklärt die so häufig festzustellende Hundertjahrdauer eines Familienbesitzes, d. h. seines Verlustes in der vierten Generation.

Die Entdeckung der Leistungsunterschiede innerhalb der Sozietäten und zwischen den Geschlechtern setzt den Auswirkungen des Selbstwerterlebnisses dort eine Grenze, wo Druck und Widerstand der Umwelt die Leistungsfähigkeit eines Individuums übersteigen. Dann schließen sich die Menschen zu Verbänden und Schutzgemeinschaften zusammen, und zwar aus zwei inneren Motiven: aus dem Bewußtsein der Abstammung und Blutsbande sowie aus dem Bedürfnis nach gegenseitiger Hilfe.

3. Leistungstypen

Die Reaktionsweise und die sich anschließende Leistung sind im Leben des Einzelnen wie in dem von Völkern die entscheidenden Merkmale für das soziale

Verhalten. Die äußere Form einer Konstitution braucht dem Persönlichkeitsgehalt nicht immer und nicht völlig zu entsprechen. Ein schizothymer Typ ist nicht immer leptosom, ein zyklothymer nicht stets eurysom; es gibt eben auch schizothyme Pykniker und zyklothyme Leptosome. Für die Sozialbiologie spricht man daher besser von Leistungstypen als den bezeichnenden Charakteren, da die äußere Form wenig, die seelische Haltung aber alles ist und sich Beruf wie auch soziale Schichtung in Lebensführung und Leistung ausprägen, beim Individuum ebenso wie bei Völkergruppen.

Geht man dabei von allgemeinen physiologischen, psychologischen, psychiatrischen, psychobiologischen und psychosomatischen Erfahrungen aus, dann stellt man fest, daß

1. kleine Lebewesen einen beschleunigten Stoffwechsel mit lebhaften Bewegungen zeigen, während bei großen Tieren alle Vorgänge sich langsamer abspielen, wie dies bei Vögeln und Elefanten als extremen Beispielen bekannt ist;
2. jede psychische Depression mit motorischer Hemmung und umgekehrt jede seelische Erregung mit Bewegungsdrang einhergeht;
3. lebhafte Menschen sich ihrer Umwelt teilnehmend zuwenden oder extrovertiert sind, dagegen langsame, beschauliche Charaktere sich abkehren, innerlich abschließen und introvertiert sind.

Das körperliche Substrat, das Organ für dieses Saitenspiel der Seele ist das Nervensystem in allen seinen Teilen, dem vegetativ-hormonalen System, dem Hirnstamm und dem Großhirn. An diese seine drei Etagen sind Erlebnis und Verhalten in bestimmter Form geknüpft. Die hormonalen Drüsen sichern die Grundstimmung, die Modulation des Körpers nach dem seelischen Lust- und Unlustgefühl, die Heiterkeit und die Müdigkeit, die Straffheit und Erschlaffung, die männliche und die weibliche Note, das Dur und Moll, aber auch den rhythmischen Wechsel in Flut und Ebbe der Gezeiten, in Fluxion und Defluxion. Im weiteren Anstoß schwingt das vegetative System mit und verleiht dem Körper die allgemeine Tension, die Ansprechbarkeit und Sprungbereitschaft, die Erregbarkeit und Abwehrbereitschaft.

Der Hirnstamm und die großen Ganglien sind mit dem Kleinhirn das älteste motorische Organ. In ihm speichern sich das persönliche Tempo, das Gleichgewicht der körperlichen und seelischen Haltung, die Koordination und Harmonik der Bewegung, die innere Bewegtheit der subjektiven Persönlichkeit mit ihren Antrieben, Gefühlen, Ahnungen und Hemmungen.

In der weiten, faltenreichen Fläche der Hirnrinde lokalisieren sich die konstruktiven Befähigungen von Apperzeption, Rezeption und Konstruktion, die Erinnerung, die ihre Unterstützung durch die verbindenden Assoziationsbahnen in den tieferen Partien und auf der Gegenseite als assoziativem Gedächtnis findet, sowie das Bewußtsein als jüngstes Produkt des animalischen Lebens. Die konstruktiven Kräfte der Apperzeption, Rezeption und Konstruktion sind erst weitere Stufenfolgen und bauen sich auf den biodynamischen Antrieben auf. Sie äußern sich sozialpsychologisch im Gestaltungswillen, der sich aus Tradition und Erbe neue Aufgaben sucht, im Gestaltungszwang, der fremde Werte zu eigenen, adoptierten Erlebnissen formt, sowie in der schöpferischen Gestaltung, die, wie der Künstler und Forscher, neue Werte schafft. In ihrer sozialen Dynamik wirken sie als Siedlung und Kolonisation, als organisatorische Formung sowie in Bündnissen und als Fortschritt.

Schematisch dargestellt ergeben:
hormonale und vegetative Unterschiede eine maskuline oder feminine Einstellung, harte oder weiche Formen, eine lebhafte oder verhaltene seelische Ansprechbarkeit;
Stammhirnunterschiede eine grobe oder feine Psychomotorik sowie eine akustische oder visuelle Veranlagung;
Großhirnunterschiede eine Verschiedenheit der Begabung, Gestaltungsfähigkeit und Schöpferkraft.

Die ungestörte Funktion der Organe und ihre harmonische psychobiologische Abstimmung bezeichnen wir als *Gesundheit.* Sie befähigt den Körper, ohne Beeinträchtigung seiner Leistung allen biologischen Belastungen gewachsen zu sein. Das subjektive Gesundheitsgefühl umfaßt jedoch nur den mittleren Abschnitt in der gesamten Skala der Leistungsfähigkeit, zeichnet sich aber hier durch eine recht zuverlässige Treffsicherheit aus. In den Extremen der Maxima und Minima jedoch ist das Urteil nicht immer exakt, sondern wird durch die individuelle Milieukonstellation und die soziale Position gefärbt.

Das subjektive Empfinden bestätigt demnach die Ausgleichsfunktion zwischen inneren und äußeren Bedingungen, zwischen Anlage und Belastung. Als Gesundheitsgefühl kommt es aber nicht so plastisch, eindringlich und mahnend zum Bewußtsein wie das Krankheitsgefühl, das die Störung der Funktion und aller Lebensprozesse hervorhebt. Ein Mensch ist als gesund zu bezeichnen, wenn er imstande ist, den Extremen aller auf ihn wirkenden Einflüsse standzuhalten, ohne seine biologische Leistungsfähigkeit einzubüßen. Er ist aber als krank anzusehen, wenn seine Regulations- und Regenerationsmechanismen nicht mehr ausreichen, um seine Anpassungsfähigkeit zu sichern und ein Mißverhältnis zwischen Konstitution und Aufgabe auftritt. Die sich dann manifestierende Krankheitsbereitschaft wird durch drei Momente bestimmt: die psychosomatische Anlage, die Intensität der exogenen Belastung und das soziale Milieu.

4. Ideorealgesetz und Carpenter-Effekt

Jeder körperlicher Vorgang wird von einem seelischen Ausdruck begleitet, wie auch psychische Äußerungen sich in somatischen Erscheinungen offenbaren. Wenn jemand intensiv an eine Handlung denkt, dann treten bei ihm unbewußt konkomitierende Bewegungen auf, die eine Ausführung vorauszunehmen suchen. „Jede Vorstellung schließt einen Antrieb zu ihrer Verwirklichung ein“, sagt in erweiterter Fassung das *Ideorealgesetz* (169). Eine gehobene oder gedrückte Stimmung prägt sich in Haltung, Gestik und Mimik aus, entscheidet aber auch über die Wahl der Kleidung, ihrer festlichen oder traurigen Attribute und über die Neigung zu Geselligkeit oder Einsamkeit. Diese Koppelung von Affekt und Motorik ist in der Psychologie und Psychiatrie geläufig. In der sozialen Psychologie läßt sie sich bei allen Synergismen, in der Massenpsychologie bei der Propaganda und in der Parapsychologie bei der Telepathie, beim Gedankenlesen und beim Tischrücken nachweisen.

Der Fremde, der sich in einem ungewohnten Lebensraum einrichten will, muß sich bewußt oder unbewußt an den Einheimischen angleichen. Er übernimmt die Gewohnheiten seiner Lebenshaltung in Wohnung, Nahrung und

Kleidung, aber auch seine Eigentümlichkeiten im Gebaren, Sichgeben, Reden und Sichbenehmen, schließlich alle Äußerungen der Innerlichkeit, des Denkens und Handelns. Ihre Assimilation erfolgt nach dem „ideokinetischen Gesetz". Die Prägung von Haltung und Gestik ist der „*Carpenter-Effekt*", der nicht allein die äußeren Formen von Gebaren, Mienen, Sprechweise, Tonfall, Melodik und Satztempo umfaßt, sondern auch die seelische Verfassung und das konventionelle Temperament einbezieht. Wie durch unsere Erziehung wird dadurch nicht etwa nur eine formelhafte Maske, sondern eine wirkliche geistige Adoption, eine Temperamentswandlung erzielt. Diese geistige Akklimatisation verläuft parallel zur körperlichen Akklimatisation an den Wohnraum.

Diese Erkenntnisse hat sich auch die *psychosomatische Medizin* zu eigen gemacht, wenn sie erklärt, daß jeder körperliche Vorgang seelisch interpretiert werden muß. Sie weist darauf hin, daß krankhafte Prozesse im Körper ein Ausdruck der gleichen Lebensstörung sind, die auch in den seelischen Erscheinungen wirken, und daß eine Flucht aus inneren Konflikten sich in Krankheitszuständen des Körpers manifestieren kann. Der Maßstab für einen Heilerfolg ist darum nicht das Verschwinden von Beschwerden allein, sondern eine bessere Lebenseinsicht und eine störungsfreie Eingliederung in die Gesellschaft. Diesem Grundsatz will auch die Welt-Gesundheits-Organisation gerecht werden. Sie stellt fest: „Gesundheit ist ein Zustand des vollkommenen körperlichen, geistigen und sozialen Wohlbefindens und nicht nur das Freisein von Krankheit und körperlicher Schwäche. Der Genuß des höchsten erreichbaren Gesundheitszustandes ist eines der Grundrechte jedes menschlichen Wesens ohne Unterschied der Rasse, Religion, politischen Anschauung oder der wirtschaftlichen oder sozialen Verhältnisse" (254).

In der Gegenwart wird die Bedeutung der sozialen Lage für die Gesundheit von Individuum und Gesellschaft in immer größerem Umfange erkannt und gewürdigt. Es treten Erkrankungen, in denen emotionale Störungen die vorherrschende Ursache sind, weit häufiger und bedeutungsvoller auf, als sie früher beobachtet wurden. Die psychosomatische und psychopathologische *Methodik* der Untersuchung und Beurteilung wird daher auch bei den Störungen der sozialen Gesundheit anzuwenden sein und in der Sozialpathologie ihren Niederschlag finden. Die Grenze zwischen Gesundheit und Krankheit ist schon in der Individualhygiene fließend, sie wird aber noch schwieriger zu ziehen sein bei den Erscheinungen an Gemeinschaften und sozialen Gruppen.

5. Pathognomonik

Die pathognomonischen Symptome, die als möglichst objektive Kriterien verwandt werden können, ergeben sich aus den fundamentalen Erscheinungsformen einer Gesellschaft, nämlich ihrer Entwicklung und ihrer Leistung. Wie im persönlichen Leben entsteht die Funktion aus der Korrelation von Anlage und Belastung, also von Sozialstruktur und Umwelteinfluß. Wenn die kontinuierliche Entwicklung durch exogene oder endogene Hindernisse nach Richtung und Intensität abgelenkt oder aufgehalten wird, dann treten biodynamische Störungen auf. Der meist schon nach kurzer Zeit erscheinende Effekt ist ein Absinken der biologischen Leistung, der Lebenshaltung und der Volkswirtschaft (255, 256, 257).

Sozialpathologische Reaktionen entstehen insbesondere bei Notlagen mit Todesfurcht, Verlust von Raum, Besitz und Reichtum, bei Mißachtung und

Vernichtung von Menschenkraft und Menschenwert sowie beim Zusammenprall mit anderen Völkern. Bei solchen elementaren Ereignissen zeigt sich, ob ein Sozialgefüge krisenfest, also gesund ist oder nicht. Es wird dies nur dann sein, wenn es durch neue und andersartige Belastungen nicht erschüttert wird, sondern einen so weiten Rahmen besitzt, daß es die fremden Eindrücke, Anforderungen und Ergänzungen mühe- und gefahrlos aufnehmen und so verarbeiten kann, daß sie nicht als Fremdkörper und Gegensatz empfunden werden, sondern in eklektischer Form als wertvolle Bereicherungen homogen mit dem Altbesitz verschmelzen. Ein kränkelndes Siechtum kündigt sich jedoch schon sehr frühzeitig an und prägt mancher Gemeinschaft hippokratische Züge des Verfalls auf. Diese äußern sich in Unstetigkeit und geringer Bodenständigkeit, Geringschätzung des Lebens, egozentrischer Laxheit, widerspruchsvoller Lebensauffassung und exzessiver Genußsucht um jeden Preis.

Der Carpenter-Effekt wird also in Sozialgebilden zu verschiedenen Zeiten und mit unterschiedlicher Intensität ausgelöst. Nach dem Prinzip des Beharrens vermögen mehr oder minder zahlreiche Gruppen der Gemeinschaft der ideoplastischen Formung nicht zu folgen. Sie bilden dann einen Schwerpunkt der *Retardation*, des Verharrens im Althergebrachten. Dieser Zustand wird um so leichter eintreten, je künstlicher das soziale Milieu ist, so daß ein Treibhausklima der Zivilisation geschaffen wird, eine Welt des soziologischen Scheins, die den Erfordernissen einer rauhen Änderung in der Bewährungsprobe nicht standhält. In einer so wohlbehüteten Umwelt wird auch der Mensch weich und sorglos, er wird durch *Domestikation* gezähmt und ändert seine Haltung und sein Verhalten, seine Lebensweise und seine Eigenschaften (258). Die Belastungsstörungen können ansetzen: an den gestaltenden Fähigkeiten und Kräften des Menschen, an der Umweltlage im weitesten Sinne des Wortes und an den soziologischen, gemeinschaftsbildenden Beziehungen.

Der Erfolg unserer neuzeitlichen hygienischen und sozialhygienischen Maßnahmen zeigt sich eindrucksvoll in der Erhöhung des Durchschnittsalters bzw. der mittleren Lebenserwartung, die seit 1871—1881 von 36 und 38 Jahren auf 56 und 68 Jahre in der Gegenwart zugenommen hat. „Dieser günstigen Entwicklung steht aber die unerfreuliche Tatsache gegenüber, daß mit dieser Verlängerung der Lebensdauer keineswegs allgemein auch eine Verlängernng oder Erhöhung der gesundheitlichen Leistungsfähigkeit gegeben ist“ (88). Sie sinkt vielmehr bei einem großen Teil der Menschen verhältnismäßig früh ab, so daß man von einem Lebensknick, Altersknick oder Leistungsknick spricht. Diese Zivilisationsschäden werden begleitet und eingeleitet von Zivilisations- oder besser Domestikationskrankheiten. Unsere Sozialprognose verlangt eine Gegenbewegung gegen die „Verkleinerung und Anpassung der Menschen an eine spezialisierte Nützlichkeit“. Es bedarf „der Erzeugung des synthetischen, des summierenden, des rechtfertigenden Menschen“; denn „diese höhere Form des Aristokratismus ist die der Zukunft“ (259).

Literatur

(1) Grotjahn, Alfred: Handwörterbuch der sozialen Hygiene. 1912.
(2) Gerfeldt, Ewald: Grundriß der Sozialhygiene. Verlag Walter de Gruyter & Co., Berlin 1951.
(3) Grotjahn, Alfred: Soziale Pathologie. Verlag von August Hirschwald, Berlin 1915.
(4) Gerfeldt, Ewald: Begriff und Erscheinungen der sozialen Pathologie. Z. f. Sozialhygiene 1, 1 (1950).
(5) Gerfeldt, Ewald: Die Grundlagen der Psychosomatik und ihre Bedeutung für die psychische Hygiene. In: Die Vertriebenenfürsorge im Lande Nordrhein-Westfalen. Wegweiser-Verlag Troisdorf (Rheinland) 1953 (S. 92—110).
(6) Fischer, Alfred und Popper, Ludwig: Sozialmedizinische Praxis. Verlag für medizinische Wissenschaften Wilhelm Maudrich, Wien-Düsseldorf 1953.
(7) Gerfeldt, Ewald: Von der Individualhygiene zur Gesellschafts- und Kulturhygiene. Med. Welt 49, 1553 (1951).
(8) Aristoteles, Hauptwerke. Alfred Kröner Verlag, Leipzig 1934. „Aus der ältesten Politik" S. 97.
(9) Kraft: Religionsgeschichte und Religionsphilosophie. Neue Encyklopädie der Wissenschaften und Künste, I. Abt., 1. Band, Teil 2. Verlag der Franckh'schen Buchhandlung, Stuttgart 1852.
(10) Philosophie der Geschichte, 4 Bände. Verlag der Theissing'schen Buchhandlung, Münster 1834, 1839, 1853 und 1857. Insbesond. 3. Band, S. 52fg. und S. 126—714.
(11) Mose, 3. Buch, Kap. 25.
(12) Bischoff, E.: Der Koran. Verlag Gustav Engel, Leipzig.
(13) Der Koran. Aus dem Arabischen übertragen von Max Henning. Verlag Philipp Reclam jun., Leipzig 1901.
(14) Evangelium des Matthäus, Kap. 5, 18 und 25; Brief des Jakobus, Kap. 5; Buch Jesus Sirach, Kap. 19 und 38; Evangelium des Johannes, Kap. 13 (Vers 34 und 35).
(15) Nietzsche, Friedrich: Der Wille zur Macht. — Versuch einer Umwertung aller Werte. Nr. 657 und 660.
(16) Comte, Auguste: Système de politique positive, ou Traité de sociologie, 1852—1854, 4 Bände; neue Ausgabe 1890. Auch in der Ausgabe von Friedrich Blaschke, „Die Soziologie" von Auguste Comte. Verlag Alfred Kröner, Stuttgart, Bd. 107 von Kröners Taschenausgaben.
(17) Spencer, Herbert: The Classification of the Science. 1864, 3. Aufl. 1871.
(18) Dewey, John: The Quest for Certainty. 1929.
(19) Tucholsky, Kurt: Auswahlband „Und überhaupt . . .". Rowohlt-Verlag 1953.
(20) Schumann, Robert: Vorwort zum Buch „Maroc et Tunesie". La Nef No. 2 (1953).
(21) Flügge, K.: Grundriß der Hygiene. 1921.
(22) Müller, Reiner: Hygiene. Urban & Schwarzenberg, Berlin-München (4. Aufl.) 1949.
(23) Fischer, Alfred und Popper, Ludwig: Sozialmedizinische Praxis. Verlag für medizinische Wissenschaften Wilh. Maudrich, Wien-Düsseldorf 1953.
(24) Smillie, Wilson G.: Public Health Administration in the United States. New York, Mac Millan Comp. (3 rd Edition) 1949.
(25) Tobey, James A.: Public Health Law. New York, Commonwealth Fund (3 rd Edition) 1947.
(26) Bolduan, Charles Frederick and Bolduan, Nils William: Public Health and Hygiene. Philadelphia and London, W. B. Saunders Comp. (4 th Edition) 1949.
(27) Simmons, James Stevens: Public Health in the World Today. Harvard University Press, Cambridge (Massachusetts) 1949.

(28) Brocklington, C. Fraser: The Health of the Community. London: J. and A. Churchill, 1954.
(29) Grundy, Fred: Handbook of Social Medicine. Gibbs, Bamforth & Co., Luton (2 rd. Edition) 1945.
(30) Hagen, Wilhelm: Vorbeugende Gesundheitsfürsorge. Georg Thieme Verlag, Stuttgart, 1953.
(31) Winslow, C.-E. A.: The Evolution of Public Health and its Objectives. In: Simmons, James Stevens: Public Health in the World Today. Harvard University Press, Cambridge (Massachusetts), 1949 (pag. 19—33).
(32) Aristoteles: Politik VII 1 p. 1323b und 1323a, 22f. aus „Aristoteles, Hauptwerke", ausgewählt und übersetzt von Wilhelm Nestle. Alfred Kröner Verlag, Leipzig 1934. Abschnitt: Aus der ältesten Politik, S. 77—111.
(33) Luden, Heinrich (Historiker, 1780—1847): Bericht Nr. 874 vom 19. 8. 1806.
(34) Biedermann: Goethes Gespräche. Leipzig 1910. Nr. 905: Goethe zu Riemer am 18. 11. 1806.
(35) Eckermann: Gespräche mit Goethe, 25. 2. 1824.
(36) Derselbe: Gespräch am 4. 1. 1824.
(37) Pemberton, John: Teaching of Social and Preventive Medicine — Some Recent Developments. Lancet 6784, 469 (1953). Behandelt insbesondere: Social Aspects of Clinical Medicine, Public Health, Epidemiology and Biostatistics.
(38) Oppenheim, Heinrich Bernhard: Philosophie des Rechts und der Gesellschaft. Neue Encyklopädie der Wissenschaften und Künste, I. Abt., 2. Band. Verlag der Franckh'schen Buchhandlung, Stuttgart 1852.
(39) Blondel, Charles: Introduction à la Psychologie Collective. Librairie Armand Collin, Paris. Übersetzt von Y. Sermon, Humboldt-Verlag, Wien 1948.
(40) Le Bon, Gustave: Psychologie der Massen. Alfred Kröner Verlag, Leipzig (6. Aufl.) 1932.
(41) Hellpach, Willy: Sozialpsychologie. Ferdinand Enke Verlag, Stuttgart (2. Aufl.) 1946.
(42) Schultze, Otto: Anleitung zur Menschenkenntnis. Verlag von Quelle und Meyer, Leipzig 1923 (Bd. 189 der Sammlung „Wissenschaft und Bildung").
(43) Müller-Freienfels, Richard: Allgemeine Sozial- und Kulturpsychologie. Verlag Joh. Ambros. Barth, Leipzig 1930.
(44) Litt, Th.: Individuum und Gruppe. 2. Aufl. 1924.
(45) Sodhi, K. S.: Übersichtsreferat über die Sozialpsychologie auf dem 19. Kongreß der Deutschen Gesellschaft für Psychologie in Köln im September 1953.
(46) Thomae, Hans: Übersichtsreferat über den Stand der anglo-amerikanischen Sozialpsychologie auf dem 19. Kongreß der Deutschen Gesellschaft für Psychologie in Köln im September 1953.
(47) Gerfeldt, Ewald: Kulturbiologie. H. H. Nölke Verlag, Hamburg 1950.
(48) Mannheim, Karl: Diagnose unserer Zeit. — Gedanken eines Soziologen. Europa-Verlag, Zürich 1953.
(49) Galdstone, Jago: The Epidemiology of Health. New York and Minneapolis, Health Education Council, 1953.
(50) Schopenhauer, Arthur: Parerga und Paralipomena. Transcendente Spekulation über die anscheinende Absichtlichkeit im Schicksale des einzelnen.
(51) Sauer, Ernst: Grundlehre des Völkerrechts. Balduin Pick Verlag, Köln 1947.
(52) Weinert, Hans: Selbstmord im Tierreich und in der Menschheitsentwicklung. Z. f. Sozialhygiene 3, 58 (1949).
(53) Laun, R.: Heteronomie und Autonomie des Rechts. Hamburger Akademische Rundschau, I. Jahrg., 9, 361 (1946/47).
(54) Christian, Paul und Haas, Renate: Wesen und Formen der Bipersonalität. Ferdinand Enke Verlag, Stuttgart 1949.
(55) Gerfeldt, Ewald: Von der Bipersonalität zur Kulturhygiene. Soziale Welt, 2, 211 (1951).

(56) Augustinus: De civitate Dei. Ausgabe des Alfred Kröner Verlages, Leipzig: Bekenntnisse und Gottesstaat, ausgewählt von Joseph Bernhart.
(57) Gerfeldt, Ewald: Begriff und Erscheinungen der sozialen Pathologie. Z. f. Sozialhygiene 1, 9 (1950).
(58) Kurzbericht über die Tagung der Deutschen Sozialhygienischen Gesellschaft am 26. 9. 1953 in Heidelberg. Nachrichten der Arbeitsgemeinschaft für Gesundheitswesen, Frankfurt a. M., 10, 2—7 (lfd. Nr. 213), Oktober 1953. Herausgegeben von Karl Coerper.
(59) Gerfeldt, Ewald: Tuberkulose und Schwangerschaft. Neue Medizinische Welt 27/28, 952 (1950).
(60) Augsberger, A.: Einige Grundtatsachen zur Beurteilung klinischer und experimenteller Erfolgszahlen. N. Med. Welt 15, 536 (1950) und 16, 580 (1950).
(61) Mackenroth, Gerhard: Methodenlehre der Statistik. Verlag Vandenhoeck und Ruprecht, Göttingen 1950.
(62) Hosemann, H.: Die Grundlagen der statistischen Methoden für Mediziner und Biologen. Georg Thieme Verlag, Stuttgart 1949.
(63) Quetelet, L. A. J.: Sur l'homme et le développement de ses facultés ou essai de physique sociale, 1835; deutsch von Riecke, 1838. Zit. nach Chr. Fr. Grieb, Gesellschaftsökonomie. Verlag der Franckh'schen Buchhandlung, Stuttgart 1852.
(64) Goethe, Gedichte: Parabolisch II „Gedichte".
(65) Kinsey, Alfred—Pomeroy, Wardell—Martin, Clyde: Sexual Behavior in the Human Male. Philadelphia and London 1949.
(66) Biederich, P. H. und Dembicki, Leo: Die Sexualität des Mannes. Darstellung und Kritik des „Kinsey-Report". I. Teil: Die Methode (S. 17—42). Verlag Franz Decker, Regensburg-Wien 1951.
(67) Goethe: Abhandlungen über Naturwissenschaften.
(68) Würzbach, F.: Erkennen und Erleben. Wegweiser-Verlag, Berlin 1932.
(69) Arbeitsgemeinschaft für Gesundheitswesen: „Maßlosigkeit". Nachrichten der Arbeitsgemeinschaft für Gesundheitswesen, Frankfurt a. M. Nr. 11 (2. Jahrg.), Nov. 1953.
(70) Klebs, Friedrich: Meinungserforschung möglich? Der Deutsche Handel 4, 17 (1950).
(71) von Stackelberg, K.: Der Erkenntniswert wissenschaftlicher Meinungsforschung. Z. f. Sozialhygiene 1, 14 (1950).
(72) von Friedeburg, Ludwig: Die Umfrage in der Intimsphäre. Abschnitt I: Zur Durchführung einer deutschen Umfrage in der Intimsphäre. Ferdinand Enke Verlag, Stuttgart 1953.
(73) Winkler, Wilhelm: Statistik. Verlag von Quelle und Meyer, Leipzig 1925 (Band 201 der Sammlung Wissenschaft und Bildung).
(74) Internationales Militärtribunal in seinem Urteil vom 19. 8. 1947. Verhandlungsniederschrift S. 11582—11584.
(75) Pearl, R.: Man the Animal. Bloomington (Indiana) 1946 (p. 43).
(76) Weber, Alfred: Prinzipielles zur Kultursoziologie. Arch. f. Sozialwissenschaft u. Sozialpolitik Bd. 47 (1920).
(77) Derselbe: Kultursoziologische Versuche. Ebenda Bd. 55 (1926).
(78) Derselbe: Kulturgeschichte als Kultursoziologie. Verlag R. Piper u. Co., München (2. Aufl.) 1950.
(79) Derselbe: Der dritte oder der vierte Mensch. Verlag R. Piper u. Co., München 1953.
(80) Koigen, D.: Der Aufbau der sozialen Welt. Carl Heymanns Verlag, Berlin 1929.
(81) Freyer, A.: Soziologie als Wirklichkeitswissenschaft. 1930.
(82) Kisskalt, Karl: Theorie und Praxis der medizinischen Forschung. Verlag für angewandte Wissenschaften, Wiesbaden (3. Aufl.) 1952.
(83) Beck, Walter: Grundzüge der Sozialpsychologie. Verlag Joh. Ambros. Barth, München 1953.
(84) Oppenheim-Lauterpacht, Int. Law 1935 S. 172. Zit. nach Ernst Sauer, Grundlehre des Völkerrechts S. 208. Balduin Pick Verlag, Köln 1947.

(85) RADBRUCH, GUSTAV: Einführung in die Rechtswissenschaft. Abschnitt: Völkerrecht. Verlag Quelle und Meyer, Leipzig 1925.
(86) TOYNBEE, ARNOLD J.: Krieg und Kultur. Übersetzt von HEINRICH MATTUTAT nach dem englischen Original: War and Civilisation. From: A Study of History. Verlag W. Kohlhammer, Stuttgart 1950.
(87) MÜLLER, REINER: Hygiene. Verlag Urban u. Schwarzenberg, Berlin-München (4. Aufl.) 1949.
(88) REPLOH, HEINRICH: Zur Frage der Bedeutung und Bekämpfung wichtiger Zivilisationskrankheiten. Zeitschr. f. Bakt., Parasitenkunde, Infektionskrankheiten u. Hyg., Bd. 160, H. 1/5 (21. 12. 1953), S. 333—339.
(89) SIGERIST, HENRY E.: Krankheit und Zivilisation. (Geschichte der Zerstörung der menschlichen Gesundheit.) Alfred Metzner Verlag, Frankfurt a. M.-Berlin 1952.
(90) HELLPACH, WILLY: Mensch und Volk der Großstadt. Ferdinand Enke Verlag, Stuttgart (2. Aufl.) 1952.
(91) a) MITSCHERLICH, ALEXANDER: Individuum und Organisation.
b) HYPPOLITE, JEAN: Psychopathologie und Organisation. „Darmstädter Gespräch 1953". Referat: Krankheit als Zivilisationserscheinung. Med. Monatsspiegel E. Merck 11, 6 (1953).
(92) 1. Mose 41: Pharaos Träume und Josephs Deutung.
(93) WÜLCKER, GABRIELE: Die Hälfte der Weltbevölkerung hungert. Ausländische Sozialprobleme II/7, 74 (1952).
(94) HELLPACH, WILLY: Kulturpsychologie. II. Hauptteil, 4. Kap. Die Nutzgüter der Kultur (S. 119). Ferdinand Enke Verlag, Stuttgart 1953.
(95) SEEL, GÜNTHER: Ernährung und Ernährungszustand der Bevölkerung der britischen Besatzungszone Deutschlands in den Jahren 1947—1948. Dissertation Düsseldorf 1950.
(96) KRAUT, H. und LEHMANN, G.: Der Eiweißbedarf des Schwerarbeiters. I. Physiologisches und funktionelles Eiweißminimum. Biochem. Z. 319, 228 (1948).
(97) LEHMANN, G. und MICHAELIS, H. F.: Der Eiweißbedarf des Schwerarbeiters. II. Messungen der Leistungsfähigkeit an Arbeitsgruppen. Biochem. Z. 319, 247 (1948).
(98) BANSI, H. W.: Das Hungerödem und andere alimentäre Mangelerkrankungen. Verlag Ferdinand Enke, Stuttgart 1949.
(99) BANSI, D.: Fettsucht bei jungen Mädchen und Frauen. N. Med. Welt 17, 617 (1950).
(100) KOLLATH, WERNER: Die Mesotrophie als physiologisches und klinisches Problem. Hippokrates 11, 292 (1952).
(101) Editor Article: Undernutrition in Europa. Brit. Med. Journ. 4638, 1218 (1949).
(102) GILLMANN, HELMUT: Über die Spätschäden nach schwerer Unterernährung. Med. Monatsschrift 1, 18 (1950).
(103) SEEMANN, W. F.: Über Hungerreaktionen von Kriegsgefangenen. Psyche 4, 107 (1950).
(104) LEIBER: Der Einfluß des Krieges auf den Ernährungszustand der Kinder. Sonderheft der Zeitschr. „Das Deutsche Gesundheitswesen": „Stimmen der Ärzte" vom 10. u. 11. Juli 1953, S. 45 (1953).
(105) GERFELDT, E.: Volksgesundheit, Sozialhygiene und Gesundheitspolitik. Jahrbuch der Akademie für Staatsmedizin Düsseldorf 1950, S. 17—32. Verlag Andreas und Hans Hofbauer, Düsseldorf 1950.
(106) KRAVIS, IRVING, B. and WILLIAMS, FAITH M.: Food-Purchasing Power of Earnings in 12 Countries 1951—52. Monthly Labor Review 74/6, p. 658—661 (June 1952).
(107) Monthly Labor Review 72/2, p. 143—151 (Febr. 1951).
(108) WATRINET, G.: Die Kaufkraft der Industriearbeiterlöhne in Nordrhein-Westfalen, einigen europäischen Ländern und den USA. Statist. Rundschau Nordrhein-Westfalen 5, 97 (1952).
(109) PARKES, A. S.: Men, food and civilisation. Lancet 6601, 406 (1950).
(110) SHERMAN, HENRY C.: The nutritional improvement of life. London, Oxford University Press, 1950.

(111) Society of Chemical Industry, Foodgroup (Nutrition Panel): The World's Food Supply. Lancet 6759, 538 (1953).
(112) DODDS, E. C.: Chemicals and Food. Lancet 6773, 1211 (1953).
(113) KÖTSCHAU, K.: Qualitäts-Neuordnung unserer Ernährung. Hippokrates 13, 391 (1953).
(114) HORDER, LORD: Food and Population. Lancet 6579, 617 (1949).
(115) GAU, L.: Grundrisse der Ernährungspsychologie des Verbrauchers. Z. „Fette und Seifen“ 9, 610 (1953).
(116) GAU, L.: Wandlungen der Ernährungsgewohnheiten. Z. „Fette und Seifen“ 11, 810 (1953).
(117) GERFELDT, E.: Der Wert der Arbeitsstunde und die Lebenshaltung. Zeitschr. f. Bakt. Bd. 160, H. 1/5, S. 317 (1953).
(118) GERFELDT, E.: Ernährungshygiene und Bevölkerungswachstum. Z. f. Hyg. u. Inf. Krankh., 128. Bd., 5./6. H., S. 669—682 (1948).
(119) MC. CANCE: Overnutrition and Undernutrition. Lancet 6788, 685 (1953).
(120) SCHEUNERT, A.: Ernährung und Volksgesundheit. Sonderheft der Z. „Das Deutsche Gesundheitswesen“: „Stimmen der Ärzte“ vom 10. u. 11. Juli 1953, S. 65 (1953).
(121) KAISER, K.: Die Manager-Krankheit läßt sich vermeiden. Dtsch. Gesundh.-Museum Köln, 1953.
(122) WINSLOW, C. E. A.: The Cost of Sickness and the Price of Health. Nr. 7 der Monographien der Weltgesundheitsorganisation. Übersetzt von JOACHIM GÄDE unter dem Titel „Gesundheit ist Reichtum“. Verlag Georg Thieme, Stuttgart 1953.
(123) VON STACKELBERG, K.: Emnid-Informationen der Emnid-K. G. in Bielefeld, Nr. 49 vom 5. 12. 1953.
(124) GRAF: Die Krankheit der Verantwortlichen – Manager-Krankheit. Verlag Deutsches Gesundheits-Museum, Köln a. Rh. 1953.
(125) GERFELDT, E.: Zur Soziologie der Herzkrankheiten. Ars Medici 4, 250 (1952).
(126) Olympia-Comitée: Feststellungen nach den XV. Olympischen Sommerspielen von Helsinki 1952. Rede Guido von Mengdens auf der Tagung der Deutschen Olympischen Gesellschaft Anfang Dezember 1953 in Wuppertal.
(127) HELLPACH, WILLY: Kulturpsychologie. Ferdinand Enke Verlag, Stuttgart 1953.
(128) MATHER, KENNETH: Biometrie und induktives Denken. Endeavour (deutsche Ausgabe) Bd. XII, 47, 140 (1953).
(129) ENGEL, ERNST: a) Der Preis der Arbeit. 2. Aufl. 1872; b) Die Lebenskosten belgischer Arbeiterfamilien früher und jetzt. 1895.
(130) BURGDÖRFER, FRIEDRICH: Bevölkerungsentwicklung und Bevölkerungsstruktur Deutschlands. Ärztliche Mitteilungen 28, 346 (1951).
(131) Bundesminister des Innern in Bonn: Leben und Sterben in der Bundesrepublik Deutschland. Verlag W. Kohlhammer, Stuttgart und Köln 1953.
(132) BEYER, A. und WINTER, K.: Lehrbuch des Sozialhygiene. VEB-Verlag Volk und Gesundheit, Berlin 1953.
(133) PASCUA, M.: Mortality in Europe. Lancet 6575, 428 (1949).
(134) DOLL, HERMANN: Werden die Menschen älter als früher? Lebensversicherungsmedizin (Karlsruhe) 3, 42 (1951).
(135) BÜRGER, MAX (Leipzig): Merkmale des biologischen Alterns. Lebensversicherungsmedizin (Karlsruhe) 3, 41 (1953).
(136) LIPS, EVA: Alter und Behandlung der Alten bei den Naturvölkern. Z. f. Altersforschung Bd. VII, H. 1, S. 1 (April 1953).
(137) PORTMANN, ADOLF: Das Tier als soziales Wesen. Rhein-Verlag, Zürich 1953.
(138) VON WEIZSÄCKER, VIKTOR: Fälle und Probleme. Anthropologische Vorlesungen in der med. Klinik. Ferdinand Enke Verlag, Stuttgart (2. Aufl.) 1951.
(139) PAUL, HELMUT: Das Gruppengespräch als Methode der Sozialforschung. Beiträge zur Soziologie der industriellen Gesellschaft. Ardey Verlag, Dortmund 1952 (S. 108–117).

(140) PAUL, HELMUT: Der Vorgang der Gruppenbildung beim Spiel. Soziale Welt IV/1, 50 (Oktober 1952).
(141) BOWMAN, LE ROY E.: How to lead Discussion. New York (8. Aufl.) 1946.
(142) KISSKALT, KARL: Untersuchungen über Konstitution und Krankheitsdisposition. 4, Die Kurve der Giftdisposition. Z. f. Hyg. 81, 42 (1916).
(143) LINDER, ARTHUR: Grundsätze für das Planen von Versuchen. Arbeiten a. d. Paul-Ehrlich-Institut Frankfurt a. M., H. 51, S. 19—28 (1954).
(144) SCHÄFER, WILHELM: Die Bedeutung des Versuchstier-Materials für die biologische Wirksamkeits-Messung. Arbeiten a. d. Paul-Ehrlich-Institut Frankfurt a. M., H. 51, S. 45—68 (1954).
(145) PRIGGE, R.: Die Anwendung der „Mutungsbereiche" in der Immunitätsforschung. Arbeiten a. d. Paul-Ehrlich-Institut Frankfurt a. M., H. 51, S. 29—44 (1954).
(146) CHITTENDEN, RUSSEL HENRY: a) Physiological economy in nutrition (1904). — b) Nutrition of man (1907).
(147) HINDHEDE, MIKKEL: a) En reform af vor ernaering (1906). — b) Die neue Ernährungslehre (1922). — c) Moderne Ernährung (1915; 36. Tausend, 1927).
(148) SAPPOK, FRIEDRICH: Die Zulagesysteme und die Leistung im Bergbau. Dissertation Düsseldorf 1949.
(149) FAUSTMANN, REINHOLD: Ernährungsfaktor, Morbidität und Mortalität. Dissertation Düsseldorf 1948.
(150) GERFELDT, E.: Vom erzieherischen Wert des Schulmilchfrühstücks. Jahrbuch der Akademie für Staatsmedizin Düsseldorf 1954. Verlag A. u. H. Hofbauer, Düsseldorf 1954.
(151) HARMS, JOHANNES: Über die Beziehungen zwischen Ernährung und Wachstum der Schulkinder. Dissertation Düsseldorf 1948.
(152) United Nations: Preliminary Report on the World Social Situation May 1952.
(153) La Documentation Française: Le Problème mondial du Logement. No. 1168, Paris 1949.
(154) Ausländische Sozialprobleme 2, 22 (1953): Das Wohnungsproblem in der Welt.
(155) Statistisches Bundesamt, Wirtschaft und Statistik: a) DENEFFE, PETER: Der Wohnungsbestand im Bundesgebiet. — Vorläufiges Ergebnis der Wohnungszählung vom 13. 9. 1950. 6, 227 (1951). — b) Derselbe: Die regionäre Verteilung der Wohnbautätigkeit 1950. 1, 29 (1952). — c) Derselbe: Die Wohnungen im Bundesgebiet. — Ergebnis der Wohnungszählung vom 13. 9. 1950. 2, 52 (1952). — d) Derselbe: Die Verteilung des Wohnraumes auf die Bevölkerung. — Ergebnisse der Wohnungszählung vom 13. 9. 1950. 4, 150 (1952). — e) Derselbe: Bauwirtschaft, Gebäude und Wohnungen. 6, 245 (1952).
(156) GERFELDT, E.: Heimgestaltung und soziales Klima. Praxis der Kinderpsychologie 1, 5 (1953).
(157) CHANDON, E. C.: Statistisches Jahrbuch Nordrhein-Westfalen 1950/51. Abschnitt V, Gewerbe — D. Bautätigkeit und Wohnungswesen, S. 181—186.
(158) GÜTT, A.: Der Amtsarzt (S. 399/400). Verlag Gustav Fischer, Jena 1936.
(159) POHLEN, KURT: Gesundheitsstatistisches Auskunftsbuch für das Deutsche Reich, Ausgabe 1936. Veröffentl. a. d. Gebiete d. Medizinalverwaltung, XLVI. Band, 4. Heft. Verlag Richard Schoetz, Berlin 1936.
(160) Reichsminister des Innern: Der öffentliche Gesundheitsdienst im Deutschen Reiche 1937. Veröffentl. a. d. Gebiete d. Volksgesundheitsdienstes, LIII. Band, 2. Heft. Verlag Richard Schoetz, Berlin 1939.
(161) Sozialministerium Nordrhein-Westfalen: Medizinal- und Gesundheitswesen 1946, 1947 u. 1948.
(162) MOLITER, R.: Die Bedeutung der Kliniksentbindung in der Geburtshilfe. D. Dtsch. Gesundh. Wesen 1951, S. 544.
(163) SCHMIDT-KOLMER, E.: Gesundheitsschutz für Mutter und Kind. In: A. BEYER und K. WINTER: Lehrbuch der Sozialhygiene. VEB-Verlag Volk und Gesundheit, Berlin 1953 (S. 578).

(164) Cook, Robert C.: Human Fertility — the Modern Dilemma. New York, William Sloane Associates. 1951. Deutsche Bearbeitung von J. und T. A. Knust: Wer wird morgen leben? — Die Krise der menschlichen Fruchtbarkeit. Verlag Christian Wegner, Hamburg 1951.

(165) Pohle, H.: Die Ehen in Nordrhein-Westfalen nach Religion und Kinderzahl. Statist. Rundschau f. d. Land Nordrhein-Westfalen 9, 165 (1953).

(166) Zur Nieden, Margarete: Fremdes Kind wird eigenes Kind. Verlag Ernst Klett, Stuttgart 1951.

(167) Reiter: Wirkung der Adoption auf die Entwicklung unehelich geborener Kinder. Eugenik Jahrg. 1930/31, S. 180.

(168) Mette, A.: Die Neurosen. Im Lehrbuch der Sozialhygiene von A. Beyer und K. Winter (S. 542—549). VEB-Verlag Volk und Gesundheit, Berlin 1953.

(169) Hellpach, Willy: Klinische Psychologie. Verlag Georg Thieme, Stuttgart (2. Aufl.) 1949.

(170) Charpin, F. Stuart: Einige Wohnfaktoren in Beziehung zur geistigen Hygiene. Am. Journ. of Public Health 41, 839 (June 1951). Nach: Med. Nachrichten a. d. Vereinigten Staaten 10, 12 (1951).

(171) Selye, H.: Stress. Medical Publishers, Montreal (Canada) 1950.

(172) Derselbe: Einführung in die Lehre vom Adaptationssyndrom (The Story of Adaptation Syndrom). Herausgegeben u. übersetzt von H. Köbcke mit R. Hoene u. G. Heuser. Verlag Georg Thieme, Stuttgart 1953.

(173) Harper, R. M. J.: The Modern Primitive — A Fresh Approach to Neurosis. Lancet 6694, 1134 (1951).

(174) Schultz, I. H. und Thomas, K.: Neurose, Ermüdung und Schlaf. Ärztl. Praxis VI/5, 1 (1954).

(175) Lungwitz, Hans: Lehrbuch der Psychobiologie. Verlag Walter de Gruyter & Co., Berlin, 6 Bände, 1933—1942.

(176) Derselbe: Psychobiologie der Volksseuche Neurose. Verlag Walter de Gruyter & Co., Berlin 1951.

(177) a) Pickenhain, L. und Matthies: Arbeitstagung der Staatlichen Pawlow-Kommission der DDR vom 15.—17. 1. 1954 in Leipzig. — b) Birjukow: Probleme der Wechselbeziehungen zwischen Großhirnrinde und inneren Organen. Dtsch. Ges. Wesen 15, 185—200 (1954).

(178) Smirnow, A.: Zur Lehre J. P. Pawlow's über die funktionelle Wechselbeziehung zwischen Hirnrinde und subcorticalen Nervenzentren. Dtsch. Ges. Wesen 1, 8 (1952) und 2, 37 (1952).

(179) Wortis, J.: Some recent Developments in Soviet Psychiatry. Am. Journ. Psychiatry 9, 109 (1953).

(180) Dawidenkow, S. M.: Behandlung Neurosekranker im Lichte der physiologischen Lehre I. P. Pawlows. Dtsch. Ges. Wesen 15, 185—200 (1954).

(181) Ostermann: Die Kallikaks unserer Zeit. Eugenik 1932, S. 202—208.

(182) Bericht der Stadt Essen über ihren Wohlfahrtsdienst im Jahre 1949 (1950).

(183) Gramberg, A.: Fruchtbarkeitsverhältnisse in Nordrhein-Westfalen. Statist. Rundschau f. d. Land Nordrhein-Westfalen 11, 206 (1953).

(184) Gellendien, Walter: Aus der Geschichte der Seife, von ihrem Ursprung bis zum Industrieprodukt. Fette, Seifen, Anstrichmittel 3, 170 (1954).

(185) Christian, Paul und Haas, Renate: Wesen und Formen der Bipersonalität. — Grundlagen für eine medizinische Soziologie. Ferdinand Enke Verlag, Stuttgart 1949.

(186) Gerfeldt, E.: Von der Bipersonalität zur Kulturhygiene. Soziale Welt 2, 211 (1951). (1951).

(187) Daya, E.: Human Relations in der Industrie. Soziale Beziehungen in der Industrie 7, 57 (1952).

(188) von Stackelberg, K.: Die Einstellung zum Arbeitsplatz. Emnid-Erhebungen (Bielefeld) Nr. 302, März 1952.

(189) Derselbe: Die Beurteilung des Betriebsführers durch die Arbeitnehmer. Emnid-Erhebungen (Bielefeld) Nr. 39 vom 25. 10. 1952.
(190) Derselbe: Die Arbeit als Last, als Verdienstquelle und als Aufgabe. Emnid-Erhebungen (Bielefeld) Nr. 30 vom 23. 8. 1952.
(191) WESTRATE, C.: Der industrielle Friede in Holland. Soziale Beziehungen in der Industrie 12, 197 (1952).
(192) KNOWLES, W. H.: Die Grenzen der Personalführung. Soziale Beziehungen in der Industrie 12, 201 (1952).
(193) PERRY, JOHN und STRAUS, ROBERT W.: Disharmonie in der Betriebsleitung. — Unzufriedenheit bei den Arbeitnehmern. Soziale Beziehungen in der Industrie 12, 206 (1952).
(194) — —: Gleicher Lohn — gleiche Leistung — US-amerikanische Argumente. Ausländ. Sozialprobleme 1, 8 (1952).
(195) ZWEIG, F.: Drei Arten der Monotonie. Soziale Beziehungen in der Industrie 4, 90 (1953).
(196) HOLTZ, HANS JOACHIM: Human Relations bei der schweizerischen Migros. Soziale Beziehungen in der Industrie 4, 94 (1953).
(197) STANION, BRUCE: Die menschlichen Beziehungen in Einzelhandelsgeschäften. Soziale Beziehungen in der Industrie 4, 106 (1953).
(198) PIETSCH, MAX: Von Wert und Würde menschlicher Arbeit. Herder Verlag Wien 1952.
(199) Royal Society of Medicine (COHEN, HENRY — BEAUMONT, G. E. — ARNOTT, W. M. — WELLS, C. A. — O'MALLEY, C. J. S.): Rest or Activity? Lancet 6797, 1191 (1953).
(200) KIRCHDORFER, ANTON—BUNZL, CARLA—HÜLLSTRUNG, HERBERT: Statistische Untersuchungen über Beziehungen zwischen Konstitutions- und Reaktionstypen. Ärztl. Forschung 2, I/68 (1954).
(201) CHASE, STUART: Was hebt die Arbeitsfreude in einer Fabrik? Stuttgart 1952.
(202) EBBECKE, U.: Farbfilter, Farbenblindheit und Farbensehen. Experientia 126 (1950).
(203) CLAYTON, GEORGE D.: Farbe und Licht als primäre Faktoren für die Güte des Arbeitsmilieus. Occupational Health 12, 5: 67 (Mai 1952). Nach: Mediz. Nachr. a. d. Vereinigten Staaten 8, 126 (1952).
(204) KOCH, H.: Farbdynamik. Herbig-Haarhaus A.-G., Köln-Bickendorf 1952.
(205) HILD, S.: Tiafenpsychologie und Werbeforschung (Charakterisierung der Farben). 3. Arbeitstagung für Verbrauchs-, Verkaufs- und Werbeforschung des Emnid-Instituts Bielefeld am 11. und 12. Juni 1953.
(206) MÜLLER, F. H.: Wer wird Handelslehrling? Der Deutsche Handel 2, 11 (1950).
(207) MCCONNELL, John W.: Die Beschäftigung älterer Arbeitnehmer. Soziale Beziehungen in der Industrie 3, 77 (1953).
(208) SCHLIESSLEDER, WILHELM: Jugendarbeitslosigkeit in Österreich. Ausländ. Sozialprobleme 9, 86 (1953).
(209) HARMSEN, HANS: Männermangel: Berufs- und Lebensprobleme der reiferen Frau und der Jungarbeiterin. Gesundheits-Fürsorge 7, 117 (1952).
(210) Industrial Welfare Society Inc., London: Gedanken zur Berufstätigkeit der Frauen. Soziale Beziehungen in der Industrie 11, 183 (1952).
(211) — —: Ausweitung der Berufsmöglichkeiten für Frauen in den USA. Monthly Labor Review 76, 4: 381—383 (April 1953). Nach: Ausländ. Sozialprobleme 11, 120 (1953).
(212) SOMBART, WERNER: Grundlagen und Kritik des Sozialismus. 2 Bände. Askanischer Verlag Berlin 1919.
(213) DAMASCHKE, ADOLF: Geschichte der Nationalökonomie. Verlag Gustav Fischer, Jena 1913.
(214) TOYNBEE, ARNOLD J.: Die Welt — Schlachthaus oder Heimstätte. Verlag Die Welt, Hamburg 1954.
(215) STEPUN, FEDOR: Was ist Europa ohne Rußland? Verlag Die Welt, Hamburg 1954.

(216) Manitius, Max — Rudel, Th. — Schwahn, Walter — Kraetsch, E.: Weltgeschichte. 4 Bände. Verlag Carl Henschel, Berlin 1923.
(217) Reeb, Wilhelm: Russische Geschichte. Sammlung Göschen Nr. 4. G. J. Göschensche Verlagshandlung, Berlin-Leipzig 1913.
(218) Pankratowa, A. M.: Die Vergangenheit des Sowjetlandes. SWA-Verlag, Berlin 1947.
(219) Lunden, Mimi Sverdrup: Das Jahrhundert des Kindes. Verlag H. Martinussen, Bergen 1948.
(220) Martini, Paul: Einseitigkeit und Mitte in der Medizin. Antrittsrede des Rektors der Universität Bonn. Bonn 1954. Auch: Dtsch. med. Wschr. vom 5. 3. 1954, S. 385.
(221) Herder, J. G.: Ideen zur Philosophie der Geschichte der Menschheit. Deutsche Bibliothek, Verlagsgesellschaft Berlin 1914.
(222) Kraus, Oskar: Die Werttheorien (Geschichte und Kritik). Verlag Rudolf M. Rohrer, Brünn-Wien-Leipzig 1937.
(223) Müller-Freienfels, Richard: Grundzüge einer neuen Wertlehre. Annalen der Philosophie 1919, S. 319. Verlag Felix Meiner, Leipzig.
(224) Reiniger, Robert: Wertphilosophie und Ethik (Die Frage nach dem Sinn des Lebens als Grundlage einer Wertordnung). Verlag Wilh. Braumüller, Wien-Leipzig 1939.
(225) Rüfner, Vinzenz: Die Geschichtsphilosophie Giambattista Vicos. Verlag Hans Scheur, Bonn 1946.
(226) Thyssen, Johannes: Vom Ort der Werte (Eine Studie zum Wertproblem). Logos Bd. XV, 309 (1926).
(227) Derselbe: Über Triebe und Wertungen. 1928.
(228) Hessen, Johannes: Wertlehre. Bd. II von Lehrbuch der Philosophie. Verlag Ernst Reinhardt, München-Basel 1953.
(229) Schneider, Friedrich: Philosophie der Gegenwart, 2. Kapitel: Die Philosophie des Lebens, S. 16. Verlag Ernst Reinhardt, München-Basel 1953.
(230) Dingler, Hugo: Von der Tierseele zur Menschenseele. Verlag Heling, Leipzig 1941.
(231) Strecker, Friedrich: Die Entwicklungslinie der Menschheit. Verlag Quelle und Meyer, Leipzig 1925.
(232) Frobenius, Leo: Vom Kulturreich des Festlandes. Dokumente zur Kulturphysiognomie. Veröffentlichungen des Forschungsinstituts für Kulturmorphologie. Wegweiser-Verlag, Berlin 1922.
(233) Planck, Max: Vom Wesen der Willensfreiheit. Verlag Joh. Ambrosius Barth, Leipzig 1936.
(234) Pawlow, I. P.: Antwort eines Physiologen an die Psychologen. Ausgewählte Werke, S. 306—332. Akademie-Verlag Berlin 1953.
(235) Wundt, Wilhelm: Vorlesungen über die Menschen- und Tierseele. 29. Vorlesung S. 485. Verlag Voß, Hamburg (4. Aufl.) 1906.
(236) Höffding, Harald: Ethik. Verlag Reisland, Leipzig (3. Aufl.) 1922.
(237) Nelson, George R.: Freedom and Welfare — Social Patterns in the Northern Countries of Europe. Ejnar Munksgaard, Kobenhavn 1953. Nach Referat: Die Grundsätze der Sozialpolitik in den nordischen Ländern. Ausländische Sozialprobleme 6, 65—67 (1954).
(238) Loos, Hilde: Nachbarschaftsheime in Amerika. Ausländische Sozialprobleme 6, 74 (1954).
(239) Nietzsche, Friedrich: Material zum „Willen zur Macht“ 866.
(240) Derselbe: Morgenröte 174.
(241) Kloos, Gerhard: Das Genie-Problem im Lichte moderner Forschung. Eugenik 1932, S. 77—84 und 115—118.
(242) Juda, Adele: Höchstbegabung. Verlag Urban und Schwarzenberg, München-Berlin-Wien 1953.
(243) Nietzsche, Friedrich: Vom Nutzen und Nachteil der Historie für das Leben.

(244) Derselbe: Menschliches, Allzumenschliches, 1. Band, 481.
(245) MAINX, FELIX: Vererbung und Umwelt. Kontinente VII/7, 18 (1954).
(246) BOLLNOW, O. F.: Die Überwindung des Existentialismus als Aufgabe unserer Zeit. Vortrag auf der Jahrestagung der Kayserling-Gesellschaft in Wiesbaden 1954.
(247) BRACHFELD, OLIVER: Minderwertigkeitsgefühle beim einzelnen und in der Gemeinschaft. Verlag Ernst Klett, Stuttgart 1954.
(248) PASSARGE, S.: Die Erde und ihr Wirtschaftsleben. Hanseatische Verlagsanstalt, Hamburg-Berlin 1929.
(249) NIETZSCHE, FRIEDRICH: Material zum „Willen zur Macht" 657.
(250) Derselbe: Material zum „Willen zur Macht" 660.
(251) Derselbe: Material zum „Willen zur Macht" 527.
(252) Derselbe: Nachlaß, Band XIII der Großoktav-Ausgabe, S. 164fg.
(253) GOLLANCZ, VICTOR: Autobiographie. London: Victor Gollancz Ltd. 1953.
(254) MACKENZIE, M.: The World Health Organization. Brit. Med. Journ. 4472, 428 (1946).
(255) HALLIDAY, J. L.: A Study of the Sick Society. Heinemann Medical Books, London 1948.
(256) World Health Organization: The Job to be Done — Details of the Programme and Budget for 1950. WHO Newsletter No. 8, June 1948.
(257) MIELKE, FRED: Um ein neues Weltbild medizinischer Wissenschaft. Bericht über die 55. Tagung der Deutschen Gesellschaft für innere Medizin vom 25.—28. April 1949 zu Wiesbaden. Ärztl. Mitteilungen 2, 25 (1949).
(258) BAUER-FISCHER-LENZ: Menschliche Erblichkeitslehre und Rassenhygiene. 1923.
(259) NIETZSCHE, FRIEDRICH: Material zum „Willen zur Macht" 866.

Sachregister

Adoption 50
Aktualsituationen 27, 28
Alter 17, 18, 41
Altruismus 2, 3
Analyse 15, 16, 18, 21, 27, 28, 30, 40, 43
Annäherungswerte 25
Anonymität 18
Anstaltsentbindungen 49
Anwohnerschutz 36
Arbeit 53
Arbeiterkolonien 57
Arbeitsklima 55
Arbeitswerttheorie 60
Artverhalten 42
Assozietäten 60
Aufbrauchserscheinungen 15, 36, 38
Auslesefaktor 23

Behaviorismus 3
Bergarbeiter 33
Berufsarbeit 35
Berufskrankheiten 14, 35
Berufswahl 17
Betriebsunfälle 36
Bevölkerungspolitik 4
Bewährungsprobe 39, 77
Biodynamik 69
Biometrie 38

Carpentereffekt 56, 75, 76, 77
Clan 11, 62

Demoskopie 21
Determinismus 64
Divergenzneigung 25
Durchschnittsalter 72

Eigentumsrecht 2
Energiewechsel 5, 45, 70
Engelsches Gesetz 40
Ergebnisanalyse 29
Erhebungsmethodik 22
Ermittlermethode 23, 24
Ernährung 1, 3, 32, 40, 45, 70, 72
Ernährungskalorien 32
Ernährungssicherung 35
Ernährungsstörungen 14
Experiment 24, 27, 28, 29

Fehler der kleinen Zahl 22
Flüchtlinge 13, 29, 52, 72
Formwechsel 5, 45, 70
Fragebogen 23
Frühehen 52

Geburtenkontrolle 50
Geburtenüberschuß 36
Gefahrenschutz 70, 73
Gemeinschaftsbildung 57
Gemeinschaftshilfe 8, 10, 11
Gerontokratie 61
Geschlechtskrankheiten 17
Gesellschaftshygiene 5, 6, 8, 14
Gesundheit 75, 76
Gesundheitsfürsorge 4
Gewissen 65
Gleichberechtigung 62
Gruppenarbeit 55
Gruppenbewußtsein 11
Gruppenerscheinungen 22
Gruppenexperiment 40, 45
Gruppenversuche 41, 43, 45, 49, 50, 51, 57, 58

Hausentbindungen 49
Hungersnöte 31, 32

Ideorealgesetz 75
Indeterminismus 64
Individualhygiene 2, 5, 6, 76
Individualismus 3
Individualverhalten 42
Infektionskrankheiten 38

Jugendklub 57

Käuferpsychologie 34
Kinderarbeit 19
Kindersiedlungen 58
Kollektiv 11, 12, 22, 59, 69
Kollektive 44, 45
Kollektivegoismus 11
Kollektivismus 3
Konformitätsstreben 25
Konvergenzerscheinungen 15, 30
Kriminalität 17, 50
Kriminalpsychologie 61

Kryptographen 23
Kulturhygiene 6, 8, 14
Kulturkrankheiten 30, 67

Lebensangst 13, 36
Lebensäußerungen 27
Lebensdauer 77
Lebenserwartung 36, 38, 77
Lebensgemeinschaft 60
Lebenshaltung 40
Lebensstandard 4, 6, 7, 8, 13, 14, 15, 66
Lebenswahrscheinlichkeit 40, 41
Leistungsfähigkeit 32
Leistungsoptimum 15
Leistungstypen 73, 74
Liebessteuern 2
Livi-Kurven 39

Managerkrankheit 36
Mangelernährung 19, 32, 33
Massenpsychologie 75
Matriarchat 63
Meinung, öffentliche 39, 44
Meinungsforschung 21, 24
Menschenwürde 4
Merkmale 17, 18
Methodik 1, 4, 19, 23, 25, 40, 41, 51, 76
Mimikry 73
Mitverantwortung 12, 55, 56
Modellversuche 59

Nahrungsmangel 31
Nahrungssicherung 70
Neurosen 51, 52
Nomenklatur 1, 6, 8
Normengerechtigkeit 26

Organneurosen 68

Parallelerscheinungen 30
Parapsychologie 75
Partnerschaft 54
Persönlichkeitsgefühl 3
Pragmatismus 2
Primitiväußerungen 14
Psychome 34, 51, 52
Psychopathologie 1
Psychosomatik 1

Rehabilitation 21
Reihenbeobachtungen 15, 16
Reihenuntersuchungen 15, 16, 18, 19

Schnellmethodik 24
Schulspeisungen 46
Schutztendenzen 73
Schwerarbeiter 33
Schwerstarbeiter 46
Selbstmorde 18, 68
Siedlerstellen 53
Siedlungsdichte 2, 65
Sippe 11, 62
Sittenkodex 65
Sozialanthropologie 10, 12
Sozialbiologie 59
soziale Gerechtigkeit 12
soziale Gesetze 2, 3
soziale Hilfe 3
soziale Sicherheit 65
soziale Struktur 4
Sozialethik 12
soziale Tropik 8
Sozialfunktionen 1
Sozialgefüge 62
Sozialgruppen 23
Sozialmedizin 1, 6, 7
Sozialmimik 67
Sozialpädagogik 12
Sozialpathologie 1, 13, 27, 39, 44, 59, 68, 76
Sozialphilosophie 12
Sozialphysiologie 13
Sozialpläne 3
Sozialpolitik 5, 11, 12
Sozialprinzipien 4
Sozialprodukt 40
Sozialprogramme 2—5
Sozialprozeß 28, 68
Sozialpsychologie 12, 13, 42
Sozialreformen 12
Sozialtheologie 13
Sozialwesen 67
Sozialwissenschaft 4, 12
Soziologie 3, 5, 8, 9, 10, 11, 12, 13, 64
Soziometrie 59
Sozionomie 59
Sport 36
Standardtypen 44
Sterbetafeln 41
Sterblichkeit 19, 21, 35, 36
Stichprobenverfahren 22, 24, 25
Stoffwechsel 5, 45, 70
Stress 51
Streuungsbereiche 26
Subjektivismus 3, 21, 22
Synthese 15, 27, 59

Team 13
Team-Untersuchungen 25
Tuberkuloseerkrankungen 19

Übervölkerung 31
Untergewichtigkeit 33, 34, 47
Untersuchungsbereich 18
Untersuchungsbogen 19, 20
Untersuchungseinheiten 16, 17

Variationskurve 21, 38
Verallgemeinerung 22
Verhaltenspsychologie 31
Verifikation 28, 29
Verwahrlosung 50
Völkerpsychologie 13
Völkerrecht 10
Volksgesundheit 6, 7

Wachstumsakzeleration 14, 34, 47
Wahrscheinlichkeitsrechnung 26, 44
Weltgesundheitsorganisation 4, 76
Weltreligionen 2
Wertbestimmende Faktoren 16
Werte 20
Wertmaßstab 67
Wertmaßstäbe 59
Wiedereingliederung 21
Willensfreiheit 64
Wirksozietät 12, 53
Wirkungskurven 43
Wohnbedarf 48
Wohndichte 17, 49, 53
Wohnungspsychome 51

Zivilisationskrankheiten 30, 67, 77
Zivilisationsprozeß 27, 61

Kolibri 360 GmbH
Ferdinand-Jühlke-Straße 7
99095 Erfurt, Deutschland
produktsicherheit@kolibri360.de